特养技术

轻松致富

U0348265

养貂技术简单学

◎ 赵家平 徐超 主编

中国农业科学技术出版社

图书在版编目（CIP）数据

养貉技术简单学／赵家平，徐超主编 .—北京：中国农业科学技术出版社，2018.1

ISBN 978-7-5116-3421-4

Ⅰ.①养… Ⅱ.①赵…②徐… Ⅲ.①貉-饲养管理 Ⅳ.①S865.2

中国版本图书馆 CIP 数据核字（2017）第 321039 号

责任编辑	朱　绯　穆玉红
责任校对	马广洋

出 版 者	中国农业科学技术出版社
	北京市中关村南大街 12 号　邮编：100081
电　　话	（010）82106626（编辑室）　（010）82109704（发行部）
	（010）82109709（读者服务部）
传　　真	（010）82106626
网　　址	http：//www.castp.cn
经 销 者	各地新华书店
印 刷 者	北京科信印刷有限公司
开　　本	850mm×1 168mm　1/32
印　　张	8.375
字　　数	220 千字
版　　次	2018 年 1 月第 1 版　2018 年 1 月第 1 次印刷
定　　价	26.80 元

前　　言

随着我国经济发展的加快，农业发展落后、农民增收缓慢已成为经济发展的主要问题。增加农民收入，提高农业经济实力，实行农业结构调整已成为必由之路。农业结构调整除进行种植业内的品种、数量调整外，还包括种植业同养殖业间的结构调整：加大优势养殖业在农业中所占的比例，改单一的种植业农业经济为种植业和养殖业相结合的综合经济。从而变传统农业为新型现代农业，提高农业抵抗市场风险的能力。

貉属哺乳纲、食肉目、犬科、貉属，主要分布于中国、俄罗斯的西伯利亚、蒙古、日本、朝鲜和中南半岛北部，是一种大毛细皮珍贵毛皮动物，其毛皮色泽美观、毛绒丰厚、板质结实，可做大衣、夹克、帽子、领子、褥子等各种高档裘皮制品，具有较高的经济价值。貉肉细嫩、营养丰富、风味独特，按李时珍《本草纲目》记载：貉肉甘温、无毒，食之可治五脏虚痨及女子虚惫。

自古以来貉就被人们捕捉用于防寒和食用，但由于目前人类频繁的经济活动和长期捕猎的结果，使野生资源不断减少。我国自 20 世纪 50 年代末开始人工驯养，50 多年来，我国貉养殖业从无到有、从小到大，目前已在我国毛皮动物饲养业中占有重要地位，成为长江以北各地广大农民家庭经济收入的重要来源之一，是广大农民脱贫致富的一个好门路。

貉有性情温驯、适应性强、饲养管理简单、饲料来源广泛、较耐粗饲、抗病力强、易于驯养繁殖及仔貉易成活等优点，已成为众多养殖户的主选项目。为适应市场竞争激烈的实际情况，生产者必须有高水平的养殖技术和管理措施，才能使这项事业健康发展。为普及和推广貂养殖新技术，我们编写了这本小册子，希望对三农的发展尽一点绵薄之力。

本书总结了我国近年来貂养殖的实践经验，收集了国内外貂养殖的新技术、新方法，重点介绍了貂高效益养殖技术的原理与具体措施。本书对貂的品种类型、繁殖育种、营养饲养、疾病防治、建场规划及产品加工利用等内容做了较为系统的叙述。本书理论联系实际，图文并茂、通俗易懂、实用性强，可供貂养殖场、专业养殖户的技术和管理人员参考，可使貂养殖业的新手入门通路，老手养殖技术精益求精，亦可作为农业研究人员有益的参考资料。

由于编著者专业知识水平有限，书中内容难免会出现欠妥或谬误之处，敬请批评指正，不胜感谢！

编　者

目　　录

绪　论 ………………………………………………（1）
　一、养貉的历史与现状 ……………………………（1）
　二、貉的饲养价值 …………………………………（3）
　三、我国养貉业存在问题及发展趋势 ……………（6）

第一章　貉养殖场轻松建 …………………………（11）
　一、建场的基本条件与准备工作 …………………（11）
　二、貉场的建筑与设备 ……………………………（14）
　三、貉的引种 ………………………………………（23）

第二章　熟悉貉的特性 ……………………………（26）
　一、貉的品种分布与类型 …………………………（26）
　二、貉的形态特征 …………………………………（28）
　三、貉的生活习性 …………………………………（32）

第三章　貉每天吃什么 ……………………………（36）
　一、貉的消化代谢特点 ……………………………（36）
　二、貉的营养需要 …………………………………（37）
　三、饲料的种类及利用 ……………………………（46）
　四、饲料的品质鉴定 ………………………………（59）
　五、饲料的贮存和加工 ……………………………（63）
　六、貉的日粮配制 …………………………………（67）

第四章　貉的繁殖育种 ……………………………… （81）
　一、貉生殖系统解剖特点 ……………………… （81）
　二、貉的繁殖生理特点 ………………………… （84）
　三、貉的繁殖技术 ……………………………… （91）
　四、貉的育种 …………………………………… （107）

第五章　貉饲养管理 ………………………………… （121）
　一、貉的生产时期划分 ………………………… （121）
　二、准备配种期饲养管理 ……………………… （121）
　三、配种期饲养管理 …………………………… （124）
　四、妊娠期饲养管理 …………………………… （127）
　五、产仔泌乳期饲养管理 ……………………… （129）
　六、恢复期饲养管理 …………………………… （134）
　七、幼貉育成期饲养管理 ……………………… （136）
　八、皮用貉饲养管理 …………………………… （139）

第六章　貉毛皮加工及副产物利用 ………………… （142）
　一、貉皮的构造 ………………………………… （142）
　二、取　皮 ……………………………………… （145）
　三、毛皮初加工 ………………………………… （148）
　四、影响貉皮质量的因素 ……………………… （153）
　五、貉的副产品开发 …………………………… （157）

第七章　貉疾病诊治 ………………………………… （160）
　一、基本知识 …………………………………… （160）
　二、貉病防治 …………………………………… （174）

目　录

附　录 ·· （242）

附录 A　貉高效养殖基础资料表 ··············· （242）

附录 B　貉饲养管理日常用表 ··················· （243）

附录 C　貉常用饲料成分和营养价值表 ·········· （246）

附录 D　貉场常用统计方法 ······················ （248）

附录 E　貉场常用药物 ··························· （249）

附录 F　貉常用免疫制品制剂·················· （254）

参考文献 ··· （255）

绪　　论

貉是一种既可庭院少量饲养，也可集群养殖的珍贵毛皮动物，其性情温驯，适应性强，饲料来源广泛，饲养管理简单。貉皮具有结实耐用、柔软轻便、绒厚毛丰、美观大方、保暖性强等特点；用貉皮制作的各种男女大衣、皮领、帽子、褥子等商品服饰，具有飘逸、自然之感，在国内外裘皮制品市场上畅销不衰。因貉皮具有较高的经济价值和实用价值，所以人们在养殖中普遍重视养貉业，养貉数量也逐年增长。目前，养貉业已在我国毛皮动物饲养业中占有重要地位，成为长江以北各地广大农民家庭经济收入的重要来源之一，是广大农民脱贫致富的一个好门路。

一、养貉的历史与现状

由于貉皮具有较高的实用价值和经济价值，我国居住在东北地区的游牧民在渔猎时代就开始利用各种工具在自然界中猎捕野生貉作为食物，并逐步认识到貉皮的防寒、护肤和装饰作用，进而开始以营利为目的猎捕野生貉。由于人为过量猎捕，致使这一宝贵野生资源在大自然中生存数量逐年减少，但裘皮市场上对貉皮的需求量越来越大，仅靠捕捉野生貉来取皮，已远远不能满足市场对貉皮的需求，因此我国黑龙江省北部的黑河、北安、海林、泰康等地区及内蒙古自治区北部地区的狩猎者在 20 世纪 40 年代末，开始将夏季捕捉到的野生幼貉暂放在家中圈养，待冬季幼貉生长成熟后再取皮食肉。

1949 年以后，根据国务院下达的"关于创办野生动物饲养业"的指示精神，1957年由中国农业科学院特产研究所主持立题，引入产于我国东北地区的野生貉中的优良亚种——乌苏里貉（图1），进行了驯养繁殖观察，仅用了3年时间就摸清了驯养繁殖的有效方法和人工饲养繁殖技术。以后又有黑龙江、吉林、辽宁3省也引进了当地野生貉进行驯养繁殖，均获得了成功，达到了在家养条件下可正常生长发育、繁殖和生产毛皮产品的目的，为以后养貉业的发展奠定了基础。

图1　乌苏里貉

　　我国养貉业历经半个多世纪的坎坷、波浪式的前进道路，现已在我国形成不可忽视的产业，在我国毛皮动物养殖业中占有重要地位，在世界同行业中受到了应有的重视。我国现已跻身于世界貉皮生产和貉皮加工业的大国之列。乌苏里貉皮成为国际裘皮市场上的佼佼者，深受客户和消费者的青睐。

　　近年来，党的富民政策为养貉业提供了有利的发展条件，人们生活水平不断提高，追求高档的物质生活，对貉皮的需求量日益增加。尤其在我国加入世界贸易组织（WTO）后，貉皮走向世界，先后有俄罗斯、日本、韩国、土耳其等国争购我国所产的乌苏里貉皮，售价上浮，数量也在逐年大幅度增加，促进了我国养貉业再度步入高潮，在振兴国民经济、丰富人们的物质生活、促进国内外贸易、帮助贫困地区脱贫致富等方面都显示了举足轻重的作用。据中国皮革协会《中国貂、狐、貉取皮数量统计报告（2015）》权威发布：2015年中国貉子取皮数量在1 610万张左右，同比增加15%。据统计，2015年全国种貉存栏量在250万只左右，主要分布（以取皮数量为序）在河北（69.37%）、山东（23.98%）、辽宁（2.21%）及其他省份（4.44%）。

二、貉的饲养价值

貉子全身都是宝，经济价值很高，具有广阔的开发利用价值。

（一）貉的经济价值

1. 皮：貉皮属于大毛细皮，具有针毛长、底绒丰厚、坚韧耐磨、轻便柔软、美观保暖等优点，是较名贵的制裘原料皮，见图2。貉子皮制裘后轻暖耐用，御寒性能较强，可制作毛朝外大衣和皮裤子、皮筒子、皮帽、皮领等，见图3。用貉皮革条缝制的大衣轻便灵活、线条优美、很受消费者欢迎。貉子皮有两种使用方法：一种是针绒兼用制裘，称为貉皮；另一种是拔去针毛，利用绒毛制裘，称为貉绒。

2. 肉：随着人们生活水平的提高和膳食结构的改变，貉肉必将成为餐桌上的佳肴。貉肉细嫩、味道鲜美、营养丰富，干物质含量29.84%，高于东北梅花鹿（20.55%）和牛肉（22.74%），钙含量0.082%，是牛、羊、猪、东北梅花鹿肉的10倍以上，粗脂肪（8.96%）含量则低于牛、羊、猪肉，赖氨酸、蛋氨酸的含量均比羊肉高，不仅是可口的野味，而且还有保健作用，是高级滋补营养品。广州、深圳等地已将其熏制成药膳摆到了餐桌上。貉肉还可制罐头、香肠、熏肉、肉松等肉制品，是一项有开发前景的肉品资源。

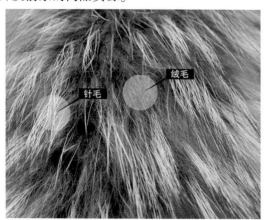

图2　貉毛皮

图3　貉毛皮产品

3. 油（脂肪）：结合冬季取皮收集貉尸体上的脂肪，每只有1~2千克，除工业用作高级化妆品的原料和食用外，貉油还可治疗烫伤。

4. 毛：貉针毛和尾毛是制作高级化妆用具——毛刷、胡刷和毛笔的原料。脱落或剪下来的绒毛纤细、柔软、保暖性和可纺性极好，洗涤、消毒后可代替棉毛做防寒服装，同时还是高级毛织品的原料。貉绒的长度、细度、拉力和保暖性能都好于羊绒，在不影响繁殖的情况下，1 年可拉毛或剪毛 100～150 克/只，见图 4。

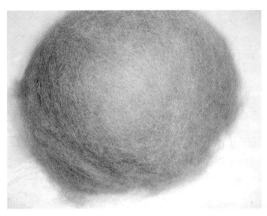

图 4　貉绒球

5. 其他：貉子的胆囊（胆汁）干燥以后可以代替熊胆入药，治疗胃肠病和小儿痛症。

貉粪含有较高的蛋白质，其他成分相当于人粪尿，是优质肥料。

（二）貉的经济效益

养貉肯定还是一项盈利项目。下面就生产貉皮（生皮）一项概算其直接经济效益：

假如饲养 10 组（公 10 只，母 30 只）种貉，年饲养成本为：母貉 0.40 元×365（天）×30（只）= 4 380 元；公貉 0.40 元×180（天）×10（只）= 720 元；180 只（群平均成活 6 只，年成活仔

貉 6 只×30 = 180 只）；幼貉 1 年饲养成本为：0.40 元×180
（天）×180（只）= 12 960 元；防疫费、人工费、设备折旧费
每只按 10 元计算为：10 元×(40 只+180 只）= 2 200 元，4 项支
出合计 20 260 元，年产貉皮 180 张，按 200 元 1 张计算可收入
36 000 元，扣除总支出 20 260 元，可盈利 15 740 元。如果再加上
产品及副产品的深加工和开发利用，其直接经济效益将会更多。

三、我国养貉业存在问题及发展趋势

（一）存在问题

1. 养殖水平较低：目前，我国养貉场多以庭院经济为特色，
属分散的个体经营模式，饲养者集技术员、饲养员、饲料购销员
等于一身，这种零碎、分散、小而全的经营方式，导致了缺乏规
范和宏观调控、技术含量低、产品质量差、生产效益低、无序发
展和不适应市场变化等一系列障碍。

2. 饲养方式原始：貉比狐、貂容易饲养，具有耐粗饲、产
仔多、投入少、见效快等优点，所以养貉能获得较高经济效益已
成共识。群众意识到养貉能致富，便一哄而上，在不懂养殖原则
和饲养繁殖技术的情况下盲目上马办场。由于饲养人员素质参差
不齐，场内建设五花八门，饲养方法各种各样，生产水平、产品
质量和经济效益相对悬殊，而且饲养方式原始落后，基本上是靠
手工操作，机械化程度很低，所以生产定额与劳动效率也很低，
平均每人饲养量仅为 100~200 只，许多个体饲养场从选种、育
种、疾病防治、饲养喂养、皮张加工到皮张销售等环节，都存在
着许多问题，主要体现在产仔率低、死亡率高、毛绒质量差、皮
张售价低等现象。

3. 饲料营养水平低：我国养貉业饲喂的饲料主要有养殖场

自配鲜料和企业生产的干料两种。由于营养调控技术的复杂性，人们很难把握毛皮动物适宜的营养水平，自配鲜料凭经验配制，饲料品质受饲料原料价格和购买难易程度影响很大，极易造成蛋白质、脂肪配比不平衡，难以满足生长、繁殖及换毛等生物学变化的正常营养需要，导致机体免疫力不高，抗病力不强，患病个体多，死亡率高于国外养貉场的个体死亡率。

4. 市场秩序混乱：养貉业的市场受很多因素的影响，如人们的消费水平、消费的季节性、传统的消费习惯、产品的供求关系等，这些因素决定了貉养殖业的市场多变性。

我国貉养殖者直接面对市场，市场氛围对貉养殖业的影响非常大。市场毛皮价格的变化影响着养殖者的生产效益。毛皮产品交易方式仍然处于一种原始落后的自由交易方式，市场秩序比较混乱，没有统一的质量标准，没有规范的价格体系，没有公平交易的市场环境，利益很难得到应有的保护。

5. 行业管理落后：我国的毛皮动物养殖业，尽管有些省市已经有了自己的行业组织，但就全国而言，还没有一个比较权威的行业机构，来统领全国毛皮动物饲养业的发展，行业的管理仍处于一种没有头绪的状态。目前，我国仅有少数几个大的养殖场实现了皮毛的定向销售；绝大多数毛皮收购的随意性很大，往往仅凭皮货贩子的现场验货，没有可以衡量的理性标准，因而常常造成主业和相关产业脱节、不配套等问题。

（二）发展趋势

1. 养殖模式创新：我国的貉养殖场建设非常分散，养殖规模普遍较低，大多养殖者都是各自为战。养貉场产生的大量污水和粪便对环境、饮用水源和农业生态造成了危害。为使养貉业健康有序地发展，在养殖模式上应转变庭院式养殖为统一规划小区式或场区式养殖，这样可以做到养殖密集和集群，打破现行的落后生产模式，向标准化、高效益生产方向发展；而且还便于掌握信息，接受最新养殖技术，提高养殖水平，向提高产品质量和产业效益模式发展，从分散独立经营向"产、供、销、加"一体化的联合集团型的经营方向发展，便于集中直接销售，创新品牌，提高产值，避免皮货商压扣价格，便于饲料、疫苗、药品等的采购、保管和使用，以确保养貉业健康发展。

2. 加强育种繁育：加入 WTO 后，对养貉业提出了新的挑战和商机。为占领国际市场，必须生产高标准、高质量的产品。建议杂交育种和纯种选育相结合，培育出体质疏松、体型粗壮的种貉，使其皮张延伸率大，毛皮质量提高。同时要将育种工作和改善饲养管理条件结合起来，将大型养貉场专业性育种和小型养殖场的选育工作结合起来，建立品种档案和系谱资料库，通过科学育种，组建自己的育种核心群。建立全国性的良种繁育基地，通过引进和培育优良品种，尽快调整品种结构，提高种群质量，培育出适合国情、场情的优良新品种，同时应制定统一种兽标准和质量认证体系。

3. 科学配制饲料：目前貉的饲养方式为人工笼养，它们的生命活动、生长发育、繁育后代、被毛脱换所需要的营养物质，只能从人工供给的饲料中获取，因此，我们必须根据动物不同生物学时期的生理特点和营养需要，科学配制日粮来保证动物的营养需要。依照科学方法配制貉的饲料，不但可以达到营养的全面性，促进貉的生长，也可以降低养殖成本。饲料的品质要新鲜，品种要稳定，营养要丰富，适口性要好，饲喂制度和饲喂方法要科学合理，饲料量要准确。要保证常年供给充足清洁的饮水，要特别注意各种维生素和微量元素的供给，并尽量做到逐头喂饲；从配种开始到产仔结束，绝不允许采食变质或不新鲜的饲料。

4. 重视技术培训：貉养殖是一项科技含量很高的事业，要搞好这项生产并取得良好的经济效益，首先要从提高从业人员的素质入手。由于我国貉养殖规模小且分散，绝大部分貉养殖场的管理人员、技术人员和饲养人员文化程度都较低，而且缺乏饲养专业知识和专业技能，导致企业的生产经营管理工作比较盲目和混乱，各项管理工作不专业、不科学、不规范，企业的生产水平、产品质量、经济效益没有保障。养殖人员的养殖技术水平直接影响养殖户的利益和我国貉养殖业的发展。要引导饲养人员通过自学和参加各种形式的技术培训掌握必要的专业技术知识，并结合养殖人员之间经验交流的方式，推广先进经验，提高从业人员的专业技能和自身素质。养殖人员要及时了解和掌握本行业最先进的生产技术和管理方法，应用到本场的生产实践中，为企业的生产管理增添生机和活力。

5. 加强卫生防疫：卫生防疫是发展养殖业的一个根本保证，它是养殖业的生命线，要高度重视和加强养貉场卫生防疫标准体系的建设。搞好卫生防疫要重点关注饲料、饲养用具及周边环境卫生及三大疾病的检验、检疫和疫苗接种，普通疾病的预防和治疗。加强饲养管理，兽群的健康就可以得到保证，达到事半功倍的防病效果。另外搞好场区、笼舍、用具及饲料和加工设备的卫生，保证兽群健康，为兽群提供一个舒适的生存环境和科学的饲养管理条件。

6. 关注动物福利：动物福利不但对提高貉的毛皮质量有重要作用，也对和谐社会的建设和养殖业的长远可持续发展有重要意义。貉的动物福利体系建设是一个长期、复杂的过程，受到我国养殖文化的影响，很多养殖户对善待动物和提高动物福利的观念意识还很淡薄，在动物的处死方法上还存在着一些不人道、不安全的行为，有关管理部门对貉的动物福利建设工作方法还需要改进，要加大宣传和指导，要采取相应的奖罚措施。貉动物福利体系的建设将为我国貉养殖业的发展创造一个良好的国际形象，从而减少贸易壁垒带来的损失。

7. 规范养殖秩序：当貉皮张供不应求时，养殖场一哄而起，全力扩大种群数量；当出现供大于求时，多数养殖场几乎没有任何抵抗风险的能力，于是又一哄而散。这种无秩序的养殖行为，不但给养殖户造成了巨大损失，也对养貉业的发展十分不利。有关部门要采取有力措施，引进养殖发达国家的先进行业管理模式和管理经验，行业协会组织加强行业自律、规范行业行为，积极扩大科学养殖技术的宣传，促进产业规范健康发展。我国貉养殖业应有一个整体的规划和统一布局，在毛皮动物产业发展这个大局下，必须形成全国一盘棋的局面，以抵抗市场风险，参与国际市场竞争。

8. 建立国际拍卖行：毛皮拍卖行有利于形成公平、公开、公正的市场竞争环境，便于指导养殖户及时调整养殖结构，有利于降低交易成本和交易风险，有利于实现专业化、规模化、标准化饲养，有利于及时掌握市场的供求信息、提高皮张竞争力。世界上许多养殖发达国家都有自己的毛皮拍卖行，例如芬兰的赫尔辛基拍卖行、丹麦的哥本哈根毛皮拍卖中心。我国作为世界上毛皮皮张产量最大的国家至今没有一家有影响力的拍卖行，对我国养殖业来说是很大的遗憾和损失。

第一章　貉养殖场轻松建

一、建场的基本条件与准备工作

养貉场场址应选择在符合貉的生物学特性要求的区域，同时还应考虑长远发展规划和环境要求。依据当地实际情况和资金来源等，科学合理地选址建场。根据国内外的养貉场选址先进经验，貉场应该从自然条件、饲料条件及社会环境条件等方面综合选择场址。

（一）建厂的基本条件

1. 地理位置：一般皮用貉的饲养应以不低于北纬 30° 为宜，海拔高度、光照强度、温湿度等都对貉有一定影响，在建场时也要考虑这些因素。场址应选在高爽、向阳、背风、地面干燥、易于排水的地方。一般在坡地和丘陵地区，以东南坡向为益，这种地势利于运输貉的食物，也利于貉排泄物顺坡流下，以备收集处理。低洼、沼泽地带、地面泥泞、湿度较大、排水不利的地方、洪水常年泛滥的地方、云雾弥漫的地方及风沙严重侵袭的地区均不宜建场。养殖场的用水量很大，冲洗饲料、刷洗食盆水槽以及兽饮用都需要大量用水，如果建配套冷库用水量就更大，因此，建场必须重视水源。水源必须充足、洁净，绝不可用臭水或被病原菌、农药污染的不洁水或含矿物质过多的硬水及含有害矿物质的水（图 1-1）。

黄河以北直至黑龙江最北均适合貉的养殖，再往南则不适于生产优质毛皮，却适宜养南貉作为美味食用兼产皮用。

图1-1　貉养殖场外景

2. 饲料条件：饲料来源是建场需要考虑的因素之一。饲料来源广泛、价格便宜的地区养貉比较好，如果不能就近解决饲料来源，势必会增加运输成本，甚至会影响正常生产。当然随着我国貉营养研究的进步，商业貉全价饲料也是很好的选择，所以鲜动物性饲料不丰富的地方也可以养貉，只是饲养成本可能比较高。建场地点在饲料来源广、主要饲料来源稳定、价格便宜且容易获得及运输方便的地方，可以获得更大的收益，如渔业区、畜牧业区、靠近肉类和鱼类加工厂等地方。如在畜禽屠宰加工厂或大型畜禽饲养场附近。如规模更大、又不具备靠近动物性饲料来源的条件，可以建一个冷库，用以贮存大量动物性饲料。

随着科学技术的进步，貉的干粉饲料基本可以替代价格日益上升的海鱼、肉类等主要貉饲料，成为当今貉养殖业新的支撑。干粉或颗粒饲料饲养貉可以减少生产设备如饲料加工厂、冷库的投入，而且解决了目前我国海鱼资源日益减少对养貉业的威胁问题。

3. 社会环境条件：社会环境条件主要是貉场要尊重当地的人文及社会环境。貉场与居民区、屠宰场、牲畜市场、畜牧产品加工厂等污染源保持至少 500 米的距离，与当地水源保持 1 000 米以上的距离，僻静无噪音，无其他人为干扰，电力供给要有保障，能满足貉场的日常运行需要。考虑到环境保护问题，貉场要建在居民区主导风向的下风或侧风区域。资金有限的个体养殖者更应充分利用已有条件，如利用房前屋后的空地搞庭院养殖，但同样要避免环境的喧闹，离畜禽棚舍要远，场地应保证夏季阴凉防暑、冬季背风防寒，及时打扫清理污物、粪便，以免不良气味扰邻。

（二）建场的准备工作

1. 考察场址：场址的考察除前面已提到的，还应考察建场地的地价，当地政府的服务意识是否到位及资金投入和软环境，还有当地劳动力价格等与生产经营有关的问题都需要考察。所有这些都与场址所在地紧密相关，都属场址考察范畴。

2. 市场调查：投资貉的养殖业之前必须做好充分的市场调查。即市场上貉皮如何分等、不同的等级价格如何、貉皮主要消费市场、貉皮消费市场对貉皮的需求趋势变化、貉的最低耗料量、皮兽养殖成本、貉皮按合理价格计算回本所需时间。再加上对市场调查的误差加以修正，即可决定貉养殖项目的合理与否。信息时代信息的来源及可信度要凭投资者自身判断，既不可坐失良机，也不可茫然跟风。

3. 种兽引进前的准备工作：场址考察、市场调查都做好以后，种兽的考察与引进也是建场准备工作的一部分，貉和其他动物一样，种兽决定其生产性能，种兽好的体型大、皮张长、毛绒质量好、遗传性能稳定、效益高，而不好的种兽正好相反。如不先期做好种兽的考察，选准兽群大、质量好、有信誉的厂家，待到养殖场已建好再考察种兽时间很紧，如盲目引进种兽则受骗风险较大，如一时找不到合适的厂家则建好的养殖场将白白闲置，损失很大。

防疫规划要提前定好，以免建好后达不到要求造成不必要的损失。

二、貉场的建筑与设备

（一）场区规划布局

貉场的建设要进行合理的规划布局，特别是大型的貉场，应根据貉场经营发展规划，结合场地的风向、地形、地势和饲养卫生要求，进行规划布局，既可保证动物健康，又便于饲养管理。大型貉场可分为生产区、辅助生产区、经营管理区、职工生活区等。生产区的建筑物包括：貉棚舍、饲料加工室、毛皮加工室和兽医室等。经营管理区包括：办公室、原料贮存库、食堂、集体宿舍等。

貉场的分区应遵循以下几个基本原则。

（1）从人、貉保健的角度出发，以建立最佳生产联系和卫生防疫条件，防止相互交叉传染和废弃物的污染。

（2）在满足生产要求的前提下，做到节约用地，尽量少占或不占耕地，建筑物之间的距离在考虑防疫、通风、光照、排水及防火要求前提下，尽量布置紧凑、整齐。

（3）因地制宜地解决生产中遇到的实际问题，如冬季的防风和采光，夏季的通风、遮阳和排水等，还要尽可能利用原有道路、供水、通信、供电线路和建筑物等，以减少投资。

（4）应考虑今后的发展，为今后的发展留有余地。生产区是貉场的核心，要位于全场的中心地段，其地形比管理区略低，并在管理区的下风向，但要高于病貉管理区，并在其上风向。这可使生产区和病貉管理区产生的不良气味、噪声、粪尿和污水不因风向和地面径流污染居民区和出现传染病迅速蔓延，同时可防止闲杂人员乱入影响卫生防疫工作。貉舍是生产区的主体建筑，要根据地势、地形、气候、风向、阳光照射和作业间联系等因素综合考虑，确定位置。各区建筑物之间的位置在联系方便、节约用地的基础上，应该保持一定的距离，并防止管理区的生活污水和地面径流流入生产区，道路主干要直达管理区，尽量避免经过生产区。

场内各功能区合理布置建筑，可以改善环境和卫生防疫，有利于生产和降低基本建设投资。根据建场的任务和要求，确定饲养管理方式和机械化水平，并结合当地实际制定最佳方案。

（二）圈舍结构简介

1. 棚舍：棚舍为开放式建筑，主要作用是遮挡雨雪和防止夏季烈日暴晒，包括棚柱、棚梁、棚顶三部分，要求坚固耐用、便于饲养管理。建造时可就地取材，选用砖石、木材、钢筋、水泥、角铁、石棉瓦等材料。貉棚一般分双坡式（"人"字棚）和单坡式两种。

双坡式貉棚檐高 2.0 米以上，宽 5 米（两排笼舍），长度视场地条件和饲养数量而定，间距 3~5 米（图 1-2、图 1-3），这样有利于充分采光；单坡式貉棚前沿高 1.8~2.0 米，后沿高 1.5~1.7 米，棚下放置单排种貉笼舍或双排商品貉笼，貉棚宽度根据貉笼的规格及摆放确定，棚间距 1.2~1.7 米（图 1-4）。双排笼舍的貉棚两侧放置貉笼，中间设 1.2 米宽的作业道。棚内地面要求平坦不滑，高出棚外地面 20~30 厘米。笼下或笼后设排污沟，棚舍两侧设雨水排放沟，与排污沟并行、分开，坡度 1.0%~1.5%。貉棚朝向根据地理位置、地形地势

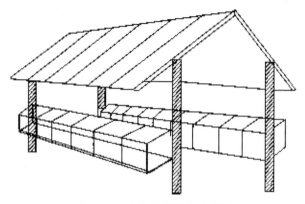

图1-2 "人"字形棚舍示意图

图1-3 "人"字形棚舍

综合考虑，多采取南北朝向。家庭养殖一般可以采用简易棚舍（图1-5），用砖石筑起离地面30~50厘米的地基，在上面安放笼舍，在笼舍上面安放好石棉瓦等，这种棚舍建造比较简单，投入也较少，缺点是遮挡风雨和防晒效果不好，在炎热的

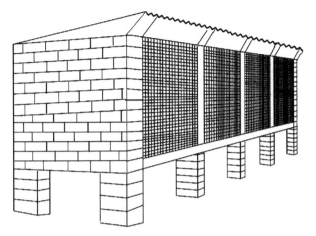

图 1-4　砖制一面坡型棚舍

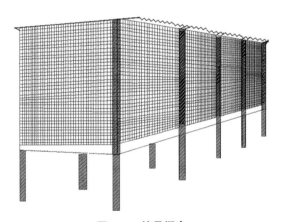

图 1-5　简易棚舍

夏季必须在石棉瓦上加盖棉被、草帘等防止太阳将石棉瓦晒得过热而使笼内温度过高，也可以加盖双层石棉瓦，并让两层石棉瓦中间有一定缝隙。

2. 笼箱：貉笼箱分为笼舍和窝箱两部分，笼舍是动物运动、采食、排泄的场所，窝箱供动物休息和产仔之用。为了降低饲养成本，皮用貉和种公兽都不加窝箱，但实践证明常年使用窝箱对貉的生长十分有利。笼舍的规格样式较多，原则上以能使动物正常活动、不影响生长发育、繁殖，不使动物逃脱、又节省空间为好，但笼舍要尽量大一些，既有利于提高动物生产性能，又能满足动物福利的要求。

笼舍一般用角钢或钢筋做成骨架，然后用铁丝固定铁丝网片而成。简易的笼舍可仅用铁丝网编好。现在多采用镀锌电焊网制成，貉笼舍的网眼不超过 3 厘米×3 厘米。窝箱可用木材、竹、砖等材料制成，保证窝箱坚固、严实、保暖、开启方便、容易清扫即可。窝箱上盖可自由开启，顶盖前高后低具有一定坡度，可避免饲养在无棚条件下，积聚雨水而漏入窝箱内。种兽窝箱在出入口处必须备有插门，以备产仔检查，隔离母兽或捕捉时用。窝箱出入口下要设高出小室底 5 厘米的挡板，防止仔兽爬出。在貉种兽窝箱内还应设有走廊，里面是产室，以利于产室保温并方便垫草。种貉笼一般为 90 厘米×70 厘米×70 厘米，笼舍行距以 1~1.5 米、间距以 5~10 厘米为好。貉的产仔箱一般是用木板、竹子或砖制成。一般为 60 厘米×50 厘米×45 厘米，稍大些会更好。产仔箱出入口处要高出箱底 5 厘米，出入口直径 20~23 厘米，如图 1-6。皮貉笼一般为 70 厘米×60 厘米×50 厘米。笼舍稍大些会更好。皮貉最好要提供休息的小木箱，一般为 40 厘米×40 厘米×35 厘米。往往在制作笼舍时，把皮用笼舍合二为一，节省笼箱的材料，如图 1-7、图 1-8。

3. 圈舍：貉可以圈养，圈舍地面用砖或水泥铺成，四壁可用砖石砌成，也可用铁皮或光滑的竹子围成，高度在 1.2~1.5 米，做到不跑貉为准，室内铺以砖或水泥，以利清扫和冲洗，圈内设置小室、饮水盆、食盆等。圈舍对皮用貉更加合适

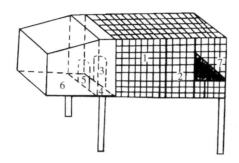

图1-6　种貉用笼箱

1. 笼子；2. 活动门；3. 笼与走廊出入口；4. 走廊；

5. 走廊与产箱出入口；6. 产箱；7. 卧床

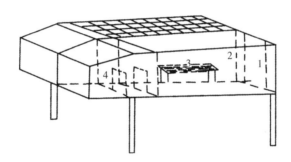

图1-7　皮用貉双笼舍

1. 门；2. 笼箱；3. 卧床；4. 窝箱

一些。

　　幼貉和皮貉的面积以8~10平方米为好，幼貉可集群圈养，饲养密度为每平方米养1只，每圈最多养10~15只。为保证毛皮质量，必须加盖防雨、雪的上盖。否则秋雨连绵或粪尿污染，造成毛绒缠结，严重降低毛皮质量。为防止群貉争食、浪费饲料和污染毛绒，还应采用特制的圆孔、全封闭式的喂食器盛食饲喂。如图1-9。

图1-8　貉笼箱

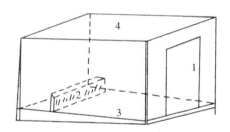

图1-9　皮貉圈舍（顶棚略去）

1. 小门；2. 矮墙；3. 倾斜地面；4. 未封顶盖

　　种貉圈舍，面积以3～5平方米养1只为好，圈舍中要备有产仔箱（与笼养的产仔箱相同），安放在圈舍里面，也可放在圈舍外面，要求要高出地面5～10厘米，见图1-10。

　　除上面的圈舍外，还有半地下式与地下式两种形式。小室在地下则称地下式，一半在地下则称半地下式，而这两种形式的圈舍一般均没有顶盖，只有小室供防雨挡风，而大圈可供貉自由活动、沐浴风雨、晒晒太阳。投食、吃食均在大圈中进行。这两种圈舍形式分别如图 1-11、图 1-12 所示。

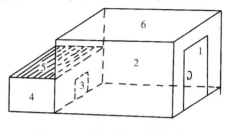

图 1-10　种貉圈舍（顶棚略去）

1. 小门；2. 圈舍；3. 活动插门；4. 小室；5. 活动顶盖；6. 未封顶盖

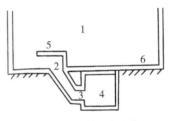

图 1-11　地下式圈舍

1. 大圈；2. 通道；3. 出入口；
4. 小室；5. 遮挡盖；6. 地面

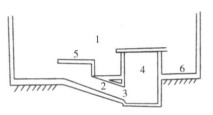

图 1-12　半地下式圈舍

1. 大圈；2. 通道；3. 出入口；
4. 小室；5. 遮挡盖；6. 地面

（三）配套建筑及设施

1. 围墙：为防止跑貉及加强卫生防疫和安全工作，要在距貉棚 3~5 米处设 1.5~1.7 米高的围墙。围墙可用砖石、光滑的竹板或铁皮围成。

2. 饲料加工室：饲料加工室是清洗、蒸煮和调制饲料的地方，家庭小规模养殖可以不用单独建设，规模养殖时饲料加工室内应备有清洗池、水管、熟制器具、绞碎和搅拌设备等，还应有上下水，室内地面水泥抹光或粘贴瓷砖，便于清洗和排出污水。

饲料加工室不宜长时间存放饲料，进入加工室的饲料应尽量当天用完，剩余饲料要及时送回储存室。每次加工完饲料都要彻底打扫，不留杂物。饲料加工室应有专人负责，除工作人员外，禁止其他人进入。工作人员进入饲料加工室也要更换工作服，尤其更换干净的靴子，防止将污染源带入。

3. 饲料储存室：饲料储存室包括干饲料仓库和冷库，干饲料仓库主要用来储存谷物和其他干粉饲料，冷库主要用来保存新鲜动物性饲料和一些容易氧化变质的干粉动物性饲料，如鱼粉、肉骨粉等，冷库还可以用来保存皮张，二者可以根据饲养规模和当地的饲料来源情况选择建设。小型饲养场和个体饲养户可使用大容量冰柜代替冷库。仓库和冷库都要离饲料加工室近一些，便于搬运饲料。

4. 综合技术室：综合技术室分为兽医防疫室和分析化验室，主要承担全场的卫生防疫、疾病诊断和饲料检验工作。应设在场区下风向相对偏僻一角，且不应与种貉舍、幼貉舍在同一风向轴线上，以减少污染，防止疫病传播。饲养场可以根据需要选择建设，但常用的器械消毒、药品保存和配制、常规检查等功能必不可少，还必须准备手术器械、注射器、常用药物等，其他设施可以根据需要相应增加。综合技术室应有专人负责，一般由技术员担任，药品的数量和使用情况必须详细登记。

5. 毛皮加工室：毛皮加工室是剥取毛皮兽皮张和进行初加工的场所。室内设有剥皮、刮油、洗皮、上楦、干燥、验质及储存等工作场所。要求干燥、通风、无鼠虫危害。

6. 其他建筑和用具：其他建筑主要有供水、供电、供暖设备，围墙和警卫室等。另外还要有捕兽笼、捕兽箱、捕兽网、喂食车（图1-13）、喂食桶、水盆及食碗等。

图1-13 智能喂食车

三、貉的引种

开展人工养貉，一般都是从养殖历史较长、养殖规模大、饲养管理规范的种貉场引入育成貉做种，这是主要的引种渠道，同时还省去办理许可证的环节。不宜到普通养殖场引种。

（一）引种时间

种貉选择引入时间一般应该在每年的秋冬季节，最好在秋季，9~11月为宜。此时便于较长距离运输，且这一时期貉群处于恢复期，各种生理活动都趋于正常，便于比较选择。另外，此期貉群生长发育基本稳定。当年幼貉也已长成育成貉，有很大的选择余地，更重要的是，秋季引种以后，经过一段时间的移地饲喂，可以得到良好的机能恢复，并在次年的开春即进入繁殖季节，充分发挥繁殖效率。

(二) 引种依据

目前，我国养貉场的种貉引种主要是就近引种，远距离引种较少。养貉最主要的目的是获取优质毛皮，因此，引进种貉必须选择毛色好、毛绒密度大、针毛平齐、体型大的种貉，同时要特别考虑种貉的繁殖能力、生理功能等。一般应从以下几方面把握选种的质量。

(1) 要尽量选择当年育成貉，避免购买老貉。此时当年育成貉具有较强的繁殖能力，又可以有几年的繁殖最适年限。育成貉精力旺盛，活动能力强，有利于后代良好性状的形成。

(2) 要选择健壮的貉做种。种貉要求有很强的适应能力，并有良好的种性。要求貉体匀称，身体结实，肥瘦适中，种貉充满活力，没有外观缺陷，注射过犬瘟热、病毒性肠炎疫苗，并且确实获得过免疫。

(3) 选种对毛皮性状的要求。用手抓挠皮板，要求松紧适度，既不是松松垮垮，可随意提起，也不是非常紧实，缺乏弹性；被毛整齐度：用手梳，用眼看，用嘴吹，要求被毛匀称，底绒丰厚，针毛平齐，杂毛少，毛的密度适中；体色：要求毛色均一、纯正、明亮，并有油性，能发出红润的光泽。

(4) 所购种貉还要有调出合格证，并且有详细的档案记录。

引进的公貉品质一定要优秀，要强于貉场母貉的品质，引进母貉时也要尽量选择品质优秀的母貉，购买种貉一定要认真负责，要去正规种貉场购买，千万不要买非正规厂家的种貉，以免上当。引进的貉种群要和原有种群分开饲养一段时间后再合群饲养。

(三) 运输应注意的问题

貉对外界环境的变化非常敏感，在运输种貉时如有不慎，会造成种貉大批死亡。运输期间死亡原因主要是连续受到强烈的惊恐刺激，致使机体内部器官机能紊乱，代谢失调。例如发生心跳加快，精神沉郁，减食或拒食，运动失调等现象，从而诱发疾病以致死亡。因此，减少惊恐刺激是提高运输时期成活率的主要措施。

（1）运输种貉时，不可将貉暴露在高温、低温或强风中。

（2）运输前要准备好运输所用的笼箱，不能用麻袋运输，貉会咬破麻袋逃跑。运输笼可用木板、铁丝网和竹笼；运输笼大小要适宜，要方便搬放、坚固耐用，同时便于在笼外观察和给水、给食，另外还要保证空气流通。其规格为 50 厘米×25 厘米×30 厘米的笼，可装 1 只貉。笼子一面要留有活门，以便装卸貉用。

（3）运输前还要准备途中所用的饲料，饲喂、饮水工具，捕貉、修笼用具等。运输途中一定要用黑布或麻袋把运笼的光线遮暗些，保持肃静，避免强烈噪音刺激。途中谢绝参观，避免停留在闹市或人多的地方，以防貉受惊恐。途中要提供适量的饲料和充足的饮水，注意饮水时不要沾湿貉的毛绒，以防感冒。运输途中一定要有专人管理和看护，注意观察，发现异常要立即采取措施。

（4）为了避免疾病的交叉感染，人应尽量减少与动物的直接接触，搬运动物时应戴可消毒或一次性厚橡胶长手套，搬运后及时用灭菌剂洗涤手和手套。尽量避免动物的血或排泄物污染皮肤或衣服，如被污染应及时消毒、洗涤，接触动物的有关人员应定期做健康检查。

第二章　熟悉貉的特性

一、貉的品种分布与类型

(一) 貉的分布

貉在动物分类上属食肉目、犬科、貉属，其别名有貉子、狸、土狗等，是比较珍贵的毛皮动物，主要分布在中国、俄罗斯的西伯利亚、蒙古、日本、朝鲜、越南、芬兰、丹麦等国家。

貉在我国分布很广，通常根据产地，以长江为界分为北貉和南貉。北貉分布在黑龙江省的黑河、抚远、虎林、北安、泰康、海林、穆棱、尚志、五常等地及内蒙古自治区的北部。该地区的貉体型大，绒毛长而密，光泽油亮，呈青灰色或灰黄色。尾短，尾毛紧密。皮毛品质居全国之首，见图2-1。而分布于吉林、辽宁、河北、山西等省及西北地区的北貉，体型略小、针毛细而尖，绒毛色泽光润，被毛灰黄，有黑色毛尖。南貉主要分布于江苏、浙江、安徽、湖北、湖

图2-1　北貉

南、江西、河南、四川、贵州、云南、陕西、福建等地。其体型要小于北貉，毛色鲜艳美观，毛色差异较大，但其针毛短、底绒松薄。

（二）貉的品种

1. 3个亚种：据《中国动物志》（1987年），我国貉可分为3个亚种，即指名亚种、东北亚种和西南亚种。

（1）指名亚种。产于江苏、浙江、安徽、江西、湖南、湖北、福建、广东和广西等省区，体型较小，体长50~53厘米，被毛短，底绒呈棕黄色，针毛的黑色毛尖较少，背部黑色纵纹亦不明显。

（2）东北亚种。产于黑龙江、吉林、辽宁等省和内蒙古的大兴安岭地区，国外分布于西伯利亚、蒙古、朝鲜。体型显著大于指名亚种，体长56~90厘米，毛长绒厚，黑色背纹明显，底绒青灰或浅黄色。

（3）西南亚种。产于云南、贵州和四川等省，体型显著小于东北亚种，与指名亚种接近。被毛底色乌灰，棕黄色不明显，针毛毛尖多黑灰色，毛短，底绒空疏。

2. 7个亚种：在20世纪40年代，日本生物学者将中国境内所分布的貉划分为7个亚种。

（1）乌苏里貉。产于我国东北地区大兴安岭，三江平原、长白山区；吉林省大部和辽宁的新金、摩天岭等地。

（2）朝鲜貉。分布于黑龙江、吉林和辽宁3省的南部地区。

（3）阿穆尔貉。分布于黑龙江沿岸，吉林省东北部和中苏边界地带。

（4）江西貉。产于江西及附近各省。

（5）闽越貉。分布于江苏、浙江、福建、湖南、四川、陕西，安徽和江西等省。

（6）湖北貉。分布于湖北及四川等省。

（7）云南貉。分布于云南及附近各省。

二、貉的形态特征

（一）形态

貉体型肥胖、短粗、外貌似狐，吻短尖，四肢短而细，被毛长而蓬松、底绒丰厚（图2-2）。趾行性，以趾着地。前足5趾，第一趾较短不着地；后足4趾，缺第一趾。前后足均具有发达的趾垫。爪粗短，与犬科各属一样，不能伸缩。通常貉的被毛呈青灰或青黄色，面颊横生有淡色长毛，由眼周围至下颌生有黑褐色被毛，构成明显的"八"字形，并经喉部、前胸连至前肢。貉沿背脊中央针毛多，具有黑色毛尖，程度不同地形成一条界限不清的黑色纵纹，向后延伸至尾的背面，尾末端黑色加重。背部毛

图2-2　貉

色较深，一般呈青灰色；靠近腹部的体侧被毛，呈灰黄或棕黄色；腹部的毛色最浅，呈黄白或灰白色；四肢的毛色较深，呈黑色或黑褐色。

（二）头骨和牙齿

貉的头骨大小与狐接近，小于犬、狼。颅形狭长，自吻部至额部逐渐升高，有扩张的颧弓。鼻骨狭长。沿左右鼻骨间，接缝处较低凹。

齿式：$\dfrac{3 \bullet 1 \bullet 4 \bullet 2}{3 \bullet 1 \bullet 4 \bullet 3} = 42$。

（三）体长体重

我国北方貉体形较大，一般成年公貉体重 5~9.8 千克，体长 50~82 厘米，体高 28~38 厘米，尾 18~23 厘米，胸围 40~55 厘米，针毛长 9 厘米，绒毛长 6 厘米。

成年母貉体重 4.5~8.5 厘米，体长 45~65 厘米，体高 35~50 厘米，毛长 15~20 厘米，胸围 35~50 厘米，针毛长 8 厘米，绒毛长 5 厘米。我国南方各省的貉体形较小。

（四）色型

貉的毛色因种类不同而表现不同，同一亚种的毛色其变异范围很大，即使同一饲养场，饲养管理水平相同的条件下，毛色也不相同。

1. 乌苏里貉的色型：颈背部针毛尖，呈黑色，主体部分呈黄白色或略带橘黄色，底绒呈灰色。两耳后侧及背中央掺杂较多的黑色针毛尖，由头顶伸延到尾尖，有的形成明显的黑色纵带。体侧毛色较浅，两颊横生淡色长毛，眼睛周围呈黑色，长毛突出于头的两侧，形成明显的"八"字形黑纹。

2. 其他色型：

（1）黑"十"字型。从颈背开始，沿脊背呈现一条明显的黑色毛带，一直延伸到尾部，前肢，两肩也呈现明显的黑色毛带，与脊背黑带相交，构成鲜明的黑"十"字。这种毛皮颇受欢迎。

（2）黑"八"字型。体躯上部覆盖的黑毛尖，呈现"八"字型。

（3）黑色型。除下腹部毛呈灰色外，其余全呈黑色，这种色型极少，见图2-3。

图2-3 黑貉

（4）白色型。全身呈白色毛，或稍有微红色，这种貉是貉的白化型，也有人认为是突变如图2-4。

3. 乌苏里貉家养条件下的变异：在数万张以上的貉皮分级中，发现家养乌苏里貉皮的毛色变异十分惊人，大体可归纳如下几种类型。

（1）黑毛尖、灰底绒。黑色毛尖的针毛覆盖面大，整个背部及两侧呈现灰黑或黑色，底绒呈现灰色、深灰色、浅灰色或

图 2-4　白貉

红灰色。其毛皮价值较高，在国际裘皮市场备受欢迎。

（2）红毛尖、白底绒。针毛多呈现红毛尖，覆盖面大，外表多呈现红褐色，严重者类似草狐皮或浅色赤狐皮，吹开或拨开针毛，可见到白色、黄白色或黄褐色底绒，见图 2-5。

图 2-5　红貉

（3）白毛尖。白色毛尖十分明显，覆盖分布面很大，与黑毛尖和黄毛尖相混杂，其整体趋向白色，底绒呈现灰色、浅灰色或白色。

三、貉的生活习性

（一）栖息环境与洞穴

野生貉经常栖居于山野、森林、河川和湖沼附近的荒地草原、灌木丛以及土堤或海岸，有时居住于草堆里。喜穴居，常居于弃洞、树洞和石隙，往往利用其他动物弃洞为巢，独栖或5~6只成群。貉不喜欢潮湿的低洼地，选穴地点需要干燥，并具备繁茂的植被条件，以供隐蔽和提供丰富的食料来源。为了饮水方便，貉多选择有水的栖息地，如河、沼泽、小溪附近。

貉没有固定的洞穴栖息，一年中的不同季节，选择不同类型的洞穴栖息。繁殖期选用浅穴产仔哺乳；夏季天气热，则利用岩洞或凉爽的洞穴栖息；在严寒的冬季，便选择保温性能的深洞居住。在同季节也不固定栖息地，而是根据食料条件、气候变化以及哺育仔幼兽和安全的需要，经常变换栖息场所。

（二）群居性

野貉通常成对穴居，一洞1公1母，也有1公多母或1母多公者，邻穴的双亲和仔貉通常在一起玩耍嬉戏，母貉有时也不分彼此相互代乳。在家养条件下，可利用这一特性，将断奶后仔貉按10~20只一群，集群圈养。

（三）活动行为

1. 夜行性、喜凉怕热：貉在野生状态下具有夜行性，夜间和清晨活动比较频繁，这样借助夜幕的掩护有利于其逃避敌害；貉的汗腺很不发达，被毛厚密，毛大绒足，所以十分怕热而比较耐寒。在家养情况下，根据貉的这一习性，喂饲时间应尽量选择在凉爽时间进行。貉的配种放对时间要在早晚进行，特别在下着小雪的天气进行效果更好，尽量避免中午放对。建设貉场时，场址要选择在通风良好、有一定遮阳条件的环境。

2. 听觉不灵敏，胆小怕惊：貉听觉不灵敏，视觉虽然不错，但由于受头部长毛的干扰也受到一定影响，因此，貉的胆子很小。在野生状态下，不到万不得已绝不轻易离开洞穴，即使由于不能忍受饥饿而外出觅食，也常常在洞穴外犹豫不决地来回行走，进行直线往返运动。貉外出采食时，一有风吹草动便慌忙逃回洞穴。母貉胆小怕惊的特性在产仔哺乳期表现尤为敏感，因此，在产仔哺乳期要特别注意保持环境的安静，外界的惊扰容易引起貉"惊恐症"的发生，导致母貉食仔；在对仔貉进行检查时，尽量在喂饲时进行，以分散母貉的注意力，减少对母貉的应激刺激。

3. 应激性：貉能巧妙地攀登树木，也会游水捕鱼，在敌害追击时，往往排尿，随后排粪。在人工养殖情况下，抓貉提尾时也有排尿行为。

4. 定点排粪：无论野生貉或家养貉，绝大多数均将粪便排泄到固定地点。野生貉多排在洞口附近，日久积累成堆。家养貉多排在笼圈舍的某一角落，有极个别的往食盆、水盆或窝箱中便溺，一旦发现有这样的貉，要及时采取措施，否则习惯形成之后，就较难改掉。

5. 非持续性冬眠：在野生条件下，为了躲避冬季的严寒和耐过饲料的奇缺，常深居于巢穴中，新陈代谢的水平降低，消耗入秋以来所蓄积的皮下脂肪，以维持其较低水平的生命活动，形成非持续性的冬眠，表现为少食、活动减少，呈昏睡状态，所以称为半冬眠或冬休。在家养条件下，由于人为的干扰和充足的饲料，冬眠不十分明显，但大都活动减少、食欲减退。在东北地区家养貉过冬时，可由其他季节的日喂 2 次减少到日喂 1 次或 2~3 日喂 1 次。

6. 食性：貉属杂食兽类，野生状态以鱼、蛙、鼠、鸟以及野兽和家畜的尸体等为食。另外，也可采食浆果，植物籽实、根、茎、叶等。家养貉的主要食物有杂鱼、肉、蛋、乳、动物血及其他屠宰下脚料、谷物类、糠麸、饼粕等，同时适量补充蔬菜、食盐、维生素等，按一定比例配合成营养全价的合理日粮饲喂。

7. 换毛：貉的被毛持续性一次脱换，具有明显的季节性，每年换毛一次，从春季（2 月下旬）开始脱换冬毛，4~5 月基本脱落，随着老毛的脱落，新毛也随着长出，待进入夏季停止生长；7~8 月针毛脱落。伴随秋分信号的到来，貉在原来的基础上，毛被继续生长，随着短毛的不断长长和毛纤维的长出，一身绒厚毛长的浓密冬毛便伴随其度过又一个严寒冬季。幼貉从 40 日龄以后开始，脱掉浅黑色的胎毛，3~4 月龄时长出黄褐色冬毛，11 月毛被成熟度与成年貉相近。生产上要根据貉的这一习性对饲料进行调整，比如进入冬毛生长期，饲料中适当补加一些动物血等富含含硫氨基酸的蛋白质饲料，有助于貉的毛被生长。了解这一特点，还有助于确定貉打皮的适宜季节（11 月下旬至 12 月下旬），而其他季节不适合打皮。

8. 寿命与繁殖特点：貉的寿命 8~16 年，繁殖年龄 7~10 年，繁殖最佳年龄 3~5 年。貉是自发排卵的动物，季节性一次发情，每年的 2~4 月是貉的发情配种季节，发情期 10~12 天，但发情旺期只有 2~4 天。个别貉可在 1 月和 4 月发情配种。怀孕期 54~65 天，胎平均 6~10 头，哺乳期 50~55 天。

9. 主要天敌：貉的主要天敌是狼、猞猁等猛兽，凡有狼出没的地方，貉的数量明显减少，特别在早春，貉的减少尤为突出。

10. 生理常数：貉的体温 38.1~40.2℃，平均 39.3℃；脉搏 70~146 次/分钟；呼吸 23~43 次/分钟，红细胞每立方毫米 584 万个，白细胞每立方毫米 12.052 万个。

第三章　貉每天吃什么

一、貉的消化代谢特点

与其他肉食性毛皮动物貂和狐相比，貉的消化机能很强（图3-1），貉在采食过程中对饲料的咀嚼少，多是咬碎或撕碎后吞食。胃中的食物经6~9小时即可排空，食物经过整个消化道的时间为20~30小时。

貉具有一定的杂食性，貉的牙齿构造与排列非常适宜撕碎和磨碎小块饲料，和狐相比还多2个臼齿，咀嚼食物的能力较犬科其他动物强。野生条件下，貉主要捕食小动物，包括啮齿类、鸟类、鱼类、蛙、蛇、昆虫等，也采食浆果、真菌、根茎、种子和谷物等植物性食物。在进行饲料配制时，可以结合貉对食物的消化代谢特点，适当利用谷物性饲料，同时添加动物性饲料，从而提高生产性能，降低饲养成本。

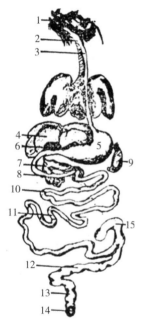

图3-1　貉的消化系统

1. 口腔；2. 咽；3. 食管；4. 肝；5. 胃；
6. 胆囊；7. 胰；8. 十二指肠；9. 脾；
10. 空肠；11. 回肠；12. 结肠；
13. 直肠；14. 肛门；15. 盲肠

二、貉的营养需要

貉维持自身生长、发育、繁殖及毛皮生长等需要获得足够的能量及蛋白质、脂肪、矿物质、维生素等营养物质，这些物质均从饲料中获取。要实现科学高效养殖貉，必须了解饲料中各种营养物质对貉生长及生产所起的作用，深入认识不同营养物质对貉的营养作用，从而在配制饲料的过程中可以全面考虑各种因素（表3-1），高效低价地实现养貉生产。

表3-1　貉不同时期饲料营养成分推荐量（%）

品　名	代谢能（兆焦/千克）	粗蛋白≥	粗纤维≤	脂肪≥	赖氨酸≥	蛋氨酸≥	钙	总磷≥	食盐
静止期	13.3	24	8	7	1.3	0.6	0.8	0.6	0.3~0.8
配种期	13.8	26	6	7	1.6	0.6	0.9	0.6	0.3~0.8
妊娠期	13.8	28	6	7	1.6	0.9	1.1	0.7	0.3~0.8
哺乳期	14.1	30	6	7	1.6	0.9	1.2	0.7	0.3~0.8
育成期	13.7	28	6	8	1.8	0.9	1.2	0.7	0.3~0.8
冬毛生长期	13.9	24	8	9	1.6	0.9	1.0	0.6	0.3~0.8

（一）貉对碳水化合物的需求

碳水化合物是指一类如玉米、麦麸等高能量、低蛋白质水平的饲料，其主要功能是提供貉所需要的能量。貉杂食性较强，对碳水化合物的利用程度较高。在貉的饲养中，如果饲料中碳水化合物供应过低，不能满足动物维持需要时，动物就开始动用体内的贮备物质，首先是糖原和体脂肪，仍有不足时，则分解蛋白质代替碳水化合物，以供应所需的能量，在这种情况下，动物就会出现身体消瘦、体重减轻以及生产力下降等现象；但是，日粮中碳水化合物过多，相对日粮中蛋白质的含量就要降低，如果低于貉生长或生产所需的量，将阻碍貉的正常生长、发育、繁殖及其他生产活动，所以碳水化合物需要提供，但必须提供科学合理的数量。

（二）貉对蛋白质的需求

蛋白质的基本结构单位是氨基酸，共有 20 多种。氨基酸又分为必需氨基酸和非必需氨基酸。貉的必需氨基酸一般有蛋氨酸、赖氨酸、色氨酸、苏氨酸、缬氨酸、苯丙氨酸、亮氨酸、异亮氨酸等。因为胱氨酸与毛的生长直接有关，可以认为胱氨酸也是貉的必需氨基酸。一般在以动物性蛋白质为主要蛋白质来源的貉饲料中，蛋氨酸是第一限制性氨基酸，适宜添加蛋氨酸和精氨酸有利于貉毛皮的生长发育。

蛋白质在貉的营养上具有特殊的重要意义，它是构成貉机体各个组织的主要成分，其作用是脂肪和碳水化合物所不能取代的。在生命活动中，各种组织需要蛋白质来修补和更新。精子和卵子的产生需蛋白质；新陈代谢过程中所需要的酶、激素、色素和抗体等，也主要由其构成。其次，在日粮中缺乏碳水化合物和脂肪而热量不足时，体内的蛋白质也可以分解氧化产生热量；日粮中蛋白质多余时，还可以在肝脏、血液和肌肉中贮存，或转化为脂肪贮存，以便营养不足时利用。

在饲养貉的实践中，可利用氨基酸的互补作用，合理搭配饲料，以提高蛋白质的利用率和营养价值。在配制饲料时，饲料种类尽可能多样化，有利于利用蛋白质的互补作用，增加饲料蛋白质的有效利用率。如貉主要饲料鱼类和肉类，由于鱼类色氨酸和组氨酸少而肉类多，相互搭配使用时可以弥补相互氨基酸组成的缺乏；植物性饲料中蛋氨酸含量低，而动物性饲料中含量较高，相互搭配可以弥补蛋氨酸的不足，促进貉的生长和毛皮成熟。

貉在人工养殖条件下，对饲料蛋白质要求较高，缺乏会导致生长受阻、皮张成熟晚、被毛零乱、皮张性能下降、性成熟发育迟缓、繁殖失败等严重后果。

貉对蛋白质的利用率高低，还受以下因素的影响。

1. 饲料中粗蛋白质的数量和质量：饲料中蛋白质过多，会降低貉对蛋白质的利用率。不仅浪费饲料，饲养效果也不理想。但如果不足，貉机体会出现氮的负平衡，造成机体蛋白质入不敷出，对生产也不利。貉长期缺乏蛋白质时，会造成贫血，抗病能力降低；种公貉精液品质下降；母貉性周期紊乱、不易受孕，即使受孕也容易出现死胎、弱仔等现象，严重影响繁殖性能；幼貉生长停滞、水肿、被毛蓬乱、消瘦。

2. 饲料中粗蛋白质与能量的比例关系：如果日粮中非蛋白质能量（脂肪、碳水化合物）供给不足时，机体蛋白质分解增加，尿中排出的含氮物增多，蛋白质利用的效价率降低。如果貉的日粮中蛋白质偏高，能量偏低，两者比例不当，则貉的采食量相应增加，使饲养成本提高。

3. 饲料加工调制方法：合理调制饲料，如谷物饲料熟制或膨化后可影响貉蛋白质、氨基酸和淀粉的消化率，与未处理饲料比较，膨化处理饲料总氮和氨基酸消化率显著降低，半胱氨酸所受影响最大，膨化后淀粉消化率增加，但一般高于100℃处理不再增加淀粉的消化率。

（三）貉对脂肪的需求

脂肪是构成貉机体的必需成分，是动物体热能的主要来源，也是能量的最好贮存形式。1克脂肪在体内完全氧化可产生39千焦的热量，比碳水化合物高2.25倍。脂肪参与机体的许多生理机能，如消化吸收、内分泌、外分泌等，脂肪还是维生素A、维生素 D、维生素 E、维生素 K 等的良好溶剂，这些维生素的吸收和运输都是依靠脂肪进行的。

在貉饲料中，亚油酸、亚麻酸和花生四烯酸是必需脂肪酸。实践证明，必需脂肪酸的供给和必需氨基酸一样重要，缺乏时都会造成机体的损害，严重影响动物的生产。

饲料脂肪极易酸败氧化，如保存时间过长的鱼、氧化变质的鸡油等，采食酸败脂肪对貉机体危害很大。酸败的脂肪和分解产物（过氧化物、醛类、酮类，低分子脂肪酸等）对貉健康十分有害。

酸败脂肪直接作用于消化道黏膜，使整个小肠发炎，会造成严重的消化障碍。酸败的脂肪分解破坏饲料中的多种维生素，如维生素 E 等，使幼兽食欲减退，出现黄脂肪病、生长发育缓慢或停滞，严重地破坏皮肤健康，出现脓肿或皮疹，降低毛皮质量，尤其貉在妊娠期对变质的酸败脂肪更为敏感，采食变质脂肪会造成死胎、烂胎、产弱仔及母兽缺乳等后果。

（四）貉对矿物质的需求

矿物质是指我们通常所说的钙、磷、钠、氯、铁、锰、铜、锌、硒等，在貉机体中矿物质虽然含量较少，但具有很重要的营养和生理上作用。矿物质是机体细胞的组成成分，细胞的各种重要机能，如生长、发育、分泌、增殖等，都需要矿物质参与，矿物质对维持机体各组织的机能，特别是神经和肌肉组织的正常兴奋性有重要作用。矿物质也参与食物的消化和吸收过程，还在维持水的代谢平衡、酸碱平衡、调节血液正常渗透压等方面有重要生理作用。

适量的矿物元素营养供给是维持毛皮动物正常健康、生长及生产的必要条件。下面对貉容易缺乏且产生影响较大的几种矿物元素进行介绍。

1. 常量元素：

（1）钙和磷。仔貉及妊娠、哺乳母貉需要量较大。貉缺乏钙、磷或维生素 D 时，动物表现后腿僵直、用脚掌行走、腿关节肿大、腿骨弯曲、产后瘫痪等症状。7~37 周龄的仔貉钙的需求量占日粮干物质的 0.5%~0.6%。钙磷比也非常重要，钙∶磷在（1~1.7）∶1 较好，不在此范围的钙磷比，即使日粮有丰富的维生素 D，也不利于骨的生长。

人工饲养条件下，以动物性饲料为主进行毛皮兽的饲养时，一般不会造成钙、磷缺乏。但在广大以低营养水平养貉的农村，由于价格较低的植物性饲料所占比例很大，容易引起钙、磷及维生素 D 的缺乏。在饲料中补充钙、磷含量丰富的骨粉或肉骨粉、鱼粉等饲料，同时进行维生素 D 的补充，可以很好地解决这一问题。一般钙、磷的常用的补充饲料有磷酸氢钙、碳酸钙、蛋壳粉、骨粉等。

（2）钠、钾、氯。貉机体缺钠或钾时，幼貉肌肉不能充分发育，心脏机能失调，食欲减退，生长发育受阻。貉机体缺氯时，胃液中盐酸减少，食欲明显减退，甚至造成消化障碍。鱼、肉饲料中含钾丰富，一般不至于造成貉缺钾，为满足氯和钠的需要，可在貉饲料中添加少量食盐，一般食盐添加占鲜饲料的 0.5%，干饲料比例为 0.8%~1.2% 即可，泌乳期可以适当提高，但需要供应充足的饮水，以防食盐中毒。

（3）镁。大多数饲料均含有适量的镁，能满足貉对镁的需要，所以一般情况下不会发生镁缺乏症，但在有些缺镁地区也可引起镁的缺乏，镁缺乏可使动物血液中的镁含量降低，同时产生痉挛症，致使动物神经过敏、震颤、面部肌肉痉挛、步态不稳与惊厥。貉日粮中钙磷含量过高将降低镁的吸收，引起镁的缺乏。生产中一般推荐貉日粮镁浓度为 450 毫克/千克（即 0.45‰）。

（4）硫。长期饲喂含蛋白质很低的饲料或日粮结构不合理时，就容易出现硫的缺乏症状。硫缺乏会影响胰岛素的正常功能，导致血糖增高，使黏多糖的合成受阻，导致上皮组织干燥和过度角质化。硫严重缺乏时，动物食欲减退或丧失，掉毛，被毛粗乱、泪溢并因体质虚弱而引起死亡，严重影响毛皮品质。

2. 微量元素：

（1）锌在生物体内，仔貉缺锌最明显的症状是食欲降低、生长受阻，缺锌会致使鼻镜干燥、口舌发炎、关节僵硬、趾部肿胀和皮肤不完全角化。日粮中含锌过量可使貉产生厌食现象，对铁、铜的吸收也不利，导致贫血和生长迟缓。锌在貉饲料中建议浓度为50毫克/千克左右。

（2）铁。貉在寄生虫病、长期腹泻以及饲料中锌过量等异常状态时会出现缺铁症状。幼兽如果仅吃母乳，可能会出现缺铁性贫血，其症状是肌红蛋白和血红素减少而使肌肉的颜色变得浅淡，皮肤和黏膜苍白，精神萎靡。典型的缺铁症状除贫血外，绒毛退色，肝脏中含铁量显著低于正常水平，有时还伴有腹泻现象。铁缺乏还会致使貉棉状皮毛，绒毛色彩暗淡，毛绒粗乱，贫血、严重衰弱、生长受阻。如果日粮中铁不足时，可用硫酸亚铁、氯化铁等来补充。建议貉饲料浓度为50～100毫克/千克。

（3）锰。仔兽缺锰后因软骨组织增生而引起关节肿大，生长缓慢，性成熟推迟。母兽严重缺锰时，发情不明显，妊娠初期易流产，死胎和弱仔率增加，仔兽初生重小。过量的锰可降低食欲，影响钙、磷利用，导致动物体内铁贮存量减少，产生缺铁贫血。貉日粮中缺锰时，可补饲一定量的硫酸锰、氯化锰等。貉建议量为40～50毫克/千克。

（4）硒。我国东北是严重缺硒地区，硒的缺乏对貉产业的损害非常大。貉饲料中缺硒可产生白肌病，患病动物步伐僵硬、行走和站立困难、弓背和全身出现麻痹症状等，硒缺乏会降低动物对疾病的抵抗力。仔兽缺硒时，表现为食欲降低、消瘦、生长停滞；缺硒还可引起母兽的繁殖机能扰乱，空怀或胚胎死亡。一般饲料中硒的推荐量为 0.1 毫克/千克。

（5）铜。缺铜会导致如生长不良、腹泻、不育、被毛退色、胃肠消化机能障碍及疾病抵抗力下降等。过量采食含铜量高的饲料，将使肝脏中铜的蓄积显著增加，大量铜转移入血液中使红细胞溶解，出现血红蛋白尿和黄疸，并使组织坏死，动物将迅速死亡。貉对铜的吸收率较低，一般以鱼为主的毛皮动物饲料不易缺乏。

（6）碘。碘的缺乏会导致甲状腺肿、死胎、弱仔等症。貉的碘缺乏发生在地方性甲状腺肿地区，一般采取的预防措施是在饲料中添加碘，如碘化钠、碘化钾或碘酸钠等，都能取得很好的效果。貉饲料中推荐量为 0.2 毫克/千克。

（7）钴。钴是合成维生素 B_{12} 的必需元素，当日粮中缺乏钴时，貉会产生贫血等症状。钴的缺乏影响动物的食欲，以致体重下降等，添加钴利于子宫恢复，加强雌激素循环，增加繁殖率。貉缺钴可通过添加钴盐饲料来有效地防治。

（五）貉对维生素的需求

维生素是维持动物机体正常生理机能所必需的物质，在机体里的含量很少，但饲料中一旦缺乏维生素，就会使机体生理机能失调，出现各种维生素缺乏症。

维生素可分为脂溶性维生素和水溶性维生素两大类，脂溶性维生素是一类能溶解在脂肪中而不溶解于水的维生素，主要有维生素 A、维生素 D、维生素 E、维生素 K 等，它们的吸收一般需要脂肪的参与。水溶性维生素包括维生素 B 族、胆碱及维生素 C 等，这类维生素都能溶解在水中。

1. 各种脂溶性维生素对貉机体的功用：

（1）维生素 A。缺乏维生素 A 时，会引起幼貉生长发育减慢，表皮和黏膜上皮角质化，出现鳞片状皮肤或皮屑，严重的会影响繁殖力和毛皮品质。维生素 A 存在于动物性饲料中，以海鱼、乳类、蛋类中含量较多。成年貉每只每天供给量约 800~1 000 国际单位，在补喂维生素 A 的同时，增加脂肪和维生素 E 会提高其利用率。

（2）维生素 D。缺乏时应单独补充。貉维生素 D 每只每天的供给量应不少于 100~150 国际单位。维生素 D 长期供应不足或缺乏，可导致机体矿物质代谢扰乱。影响生长动物骨骼的正常发育，常表现为佝偻病，生长停滞；对成年动物，特别是妊娠及哺乳动物则引起骨软症或骨质疏松症。

（3）维生素 E。缺乏维生素 E 的主要症状是母兽虽能怀孕，但胎儿很快就会死亡并被吸收；公兽的精液品质降低，精子活力减弱，数量减少，乃至消失。此外，由于脂肪代谢障碍，出现尿湿病、黄脂肪病等。维生素 E 的供给量在幼兽生长期及种兽繁殖期最高，每只每天供给 3~5 毫克，其他时期可减少。植物籽实的胚油含有丰富的维生素 E，目前养殖户可以在市场上直接购买维生素 E 单体进行补充。

（4）维生素 K。又叫抗出血维生素，是维持血液正常凝固所必需的物质。貉维生素 K 缺乏症比较少见，但肠道机能紊乱或长期使用抗生素，抑制肠道中微生物活动，而使维生素 K 的合成减少时，偶尔也有发生。临床症状表现为口腔、齿龈、鼻腔出血，粪便中有黑红色血液，剖检时可见到整个胃肠道黏膜出血。貉饲料中保证供给新鲜蔬菜即可预防维生素 K 的缺乏。

2. 各种水溶性维生素对貉机体的功用：

（1）维生素 B_1。又叫硫胺素，貉基本上不能合成维生素 B_1，全靠日粮供给来满足需要。当维生素 B_1 缺乏时，碳水化合物代谢强度及脂肪利用率迅速减弱，出现食欲减退、消化紊乱、后肢麻痹，强直震颤等多发性神经炎症状。貉怀孕期缺乏维生素

B_1，产出的仔兽色浅，生活力弱。糠麸类、豆粉、内脏、乳、蛋及酵母中维生素 B_1 含量较多。

（2）维生素 B_2。又叫核黄素，貉每只每天给量 2~3 毫克。缺乏维生素 B_2 时，新陈代谢发生障碍，出现口腔溃疡、黏膜变性等症状。维生素 B_2 广泛存在于青绿饲料及乳、蛋、酵母中。

（3）维生素 B_3。又叫维生素 PP、尼克酸、烟酸、抗癞皮病维生素和尼克酰胺等。缺乏时，貉出现食欲减退，皮肤发炎，被毛粗糙症状。

（4）维生素 B_4。又叫胆碱，缺乏时肝脏中会有较多的脂肪沉积，形成脂肪肝病，也会引起幼兽生长发育受阻，母兽乳量不足。一切天然脂肪饲料中均含有胆碱。

（5）维生素 B_5。又叫泛酸，缺乏时幼貉虽有食欲，但生长发育受阻，体质衰弱，成年貉严重影响繁殖，冬毛期会使毛绒变白。

（6）维生素 B_6。又叫吡哆醇，抗皮肤炎维生素。缺乏时表现痉挛，生长停滞，并出现贫血和皮肤炎。维生素 B_6 大量含于酵母、籽实、肝、肾及肌肉中。

（7）维生素 B_{11}。又叫叶酸，是防止恶性贫血的一种维生素。籽实及块茎、块根类植物中含有叶酸。

（8）维生素 B_{12}。缺乏时，红细胞浓度降低，神经敏感性增强，严重影响繁殖力。维生素 B_{12} 仅存在于动物性饲料中，以肝脏含量较高。只要动物性饲料品质新鲜，一般不会导致缺乏。

（9）维生素 C。又叫抗坏血酸。缺乏时仔兽发生红爪病。青绿多汁饲料及水果中含量丰富，貉每只每天供给量 30~50 毫克。

（10）维生素 H。又叫生物素、辅酶 R 等，缺乏或不足会导致貉毛发脆，表皮角化、被毛卷起及自身剪毛。貉维生素 H 缺乏引起换毛障碍，背部被毛脱落，残存的稀有被毛脱色，呈灰色，母兽失去母性，空怀率高。

（六）貉对水的需求

水是动物不可缺少的营养物质，水是机体中多种物质的溶剂，大多数营养物质必须溶于水后才能被机体吸收和利用。同时动物生命活动过程中所产生的代谢废物，也只有通过水溶液的形式排出体外。水可直接参与机体中各种生物化学反应，可调节体温。水存在于各种组织细胞中，使细胞保持一定的形状、硬度和弹性。水能润滑组织，减缓各脏器间的摩擦和冲击等。

貉人工饲养时必须保证充分供给清洁的饮水。貉缺水比缺食物反应敏感，严重缺水会导致貉死亡。貉水缺乏会加速中暑、食盐中毒等症，减缓体中废物的排出；当然如果食物过稀，貉采食时被动饮水过多，会增加貉维生素及微量元素的排出，导致貉正常饲养时营养的缺乏；被动饮水过多也会增加肾脏负担，对貉机体也有不利的影响。

三、饲料的种类及利用

貉属于杂食动物，其饲料种类繁多。按其性质可分为动物性饲料、植物性饲料和添加饲料。目前，随着我国貉主要饲料原料鲜海杂鱼等产品的减少、动物性饲料的贮藏成本增加，以鱼粉、肉骨粉、谷物性饲料等为主要原料的干粉或颗粒全价饲料、配合饲料及浓缩饲料逐渐为广大养殖户所应用。

（一）动物性饲料

人工养貉的动物性饲料主要有鱼类、肉类、鱼及动物的下杂、乳、蛋及动物性饲料的干制品，这类饲料蛋白质含量丰富，氨基酸组成比植物性饲料更接近貉营养的需求，是貉生长和发育获得蛋白质的主要来源。

1. 鱼类饲料：在我国大部分大型毛皮动物饲养场，鲜鱼及冻鱼类产品是貉的主要食物，是动物性蛋白质的主要来源，大部分淡水鱼和海鱼均可作为貉的饲料。鱼类饲料含动物性蛋白量较高，含脂肪也比较丰富，还含有维生素 A、维生素 D 及无机盐等。消化率几乎与肉类相同。能量含量因鱼种类不同有很大差异，一般为每千克 3.35~3.77 兆焦（图3-2）。

图3-2　鱼类饲料

鱼类饲料生喂比熟喂营养价值高，因为过度加热处理会破坏赖氨酸，同时使精氨酸转化为难消化形式，色氨酸、胱氨酸和蛋氨酸对蛋白质饲料脱水破坏性很敏感。但部分海鱼和淡水鱼中因含有硫胺素酶，它们会破坏维生素 B_1，导致貉维生素 B_1 缺乏，所以饲喂时最好能熟制破坏硫胺素酶，减少生喂造成的维生素 B_1 缺乏，同时对有些来源不明的鱼类产品，加热可以起到消毒杀菌的作用。

由于不同种类鱼体组成中氨基酸比例的不同，饲喂单一种类的鱼不如饲喂杂鱼好，混合饲喂有利于氨基酸的互补。同时，鱼类饲料与肉类饲料（畜禽下脚料等）混合饲喂，也有利于氨基酸的互补。

使用鱼类饲料时，一定要注意鱼不能变质，因为变质的鱼细菌滋生、脂肪酸败，貉采食后易引起食物中毒。喂脂肪酸败的鱼类还会引起脂肪组织炎、出血性肠炎、脓肿病、黄脂肪病和维生素缺乏症等。

2. 肉类饲料：肉类饲料是营养价值很高的全价蛋白质饲料，含有与貉机体相似数量和比例的全部必需氨基酸，同时还含有脂肪、维生素和无机盐等营养物质。貉几乎对所有动物的肉类均可采食。瘦肉中各种营养物质含量丰富，适口性好，消化率也高，是理想的饲料原料。新鲜的肉类适宜生喂，消化率及适口性都很好，对来源不清或不太新鲜的肉类应该进行熟化处理后饲喂，以消除微生物污染及其他有害物质，减少不必要的损失。对腐败变质的肉，一定不要用来饲喂动物，容易引起肉毒梭菌毒素中毒（图3-3）。

图3-3 肉类饲料

在实践中，可以充分利用人们不食或少食的牲畜肉，特别是牧区的废牛、废马、老羊、羔羊、犊牛及老年的骆驼和患非传染性疾病经无害化处理的病肉，最大程度地利用价格低廉的肉类饲料资源。

公鸡雏营养价值全面，是很好的貉饲料，可占日粮的25%~30%，配合鱼类饲喂效果更佳，用时要蒸煮熟制。

3. 鱼、肉副产品：动物的头部、骨架、四肢的下端和内脏称为副产品，也叫下杂。这类饲料除了肝脏、肾脏、心脏外，大部分蛋白质消化率较低，生物学价值不高，但作为貉的饲料，可以很好地提供部分能量及蛋白质，比谷物性饲料在部分蛋白质、维生素等方面优越，而且价格便宜、来源广泛，适量地利用好鱼肉副产品可有效地促进貉的养殖，所以鱼肉副产品也是很好的貉饲料。

（1）鱼副产品。沿海地区的水产制品厂有大量的鱼头，鱼骨架、内脏及其他下脚料，这些废弃品都可以用来饲养貉。新鲜的鱼头、鱼骨架可以生喂，繁殖期不超过日粮中动物饲料的20%，幼兽生长期和冬毛生长期可增加到40%。新鲜程度较差的鱼副产品应熟喂，特别是鱼内脏保鲜困难，熟喂比较安全。

（2）畜禽副产品。主要有动物的头、四肢下端及内脏等，是较理想的廉价动物性饲料。

肝脏含20%左右的蛋白质，5%的脂肪和多种维生素、无机盐，是貉繁殖期及幼貉育成期的必要饲料。新鲜肝（摘除胆囊）可以生喂，由于肝有轻泻作用，故喂量可占动物性饲料的10%~15%，应由少到多逐渐增加，以免引起腹泻。

心脏、肾脏的蛋白质和维生素的含量都十分丰富，适口性好，易消化吸收。一般在繁殖期喂给，新鲜心脏和肾脏可以生喂。

肺脏是营养价值不大的饲料，蛋白质不全价，矿物质少，结缔组织多，消化率较低。肺脏对胃肠还有刺激性作用，易发生呕吐现象。肺脏一般应熟喂，喂量可占动物性饲料的 5%~10%，不宜过多。

胃、肠也可喂貉，但营养价值不高，不能单独作为动物性饲料喂貉。新鲜的胃、肠虽适口性强，但胃肠常有病原性细菌，所以应熟喂。胃、肠可代替部分肉类饲料，但其喂量一般不宜超过貉饲料的 30%。

脑含有大量的卵磷脂和各种必需氨基酸，营养价值很高，特别是对貉的生殖器官的发育有促进作用，故称为催情饲料，一般在准备配种期和配种期适当喂给。脑还对貉毛绒生长和改善毛绒品质有一定好处。

血的营养价值较高。血最好是鲜喂，陈血要熟喂，健康动物的血粉和血豆腐可直接混于饲料内投给，日粮中血可占貉饲料的 5%左右。因血中含有无机盐，对貉有轻泻作用，所以不宜超量饲喂。熟制血比鲜血消化率低，繁殖期要少喂。

兔头是兔肉加工的副产品，可绞碎喂貉，营养价值较高，可按动物性饲料的 30%投给。但在繁殖期用量不宜过多，以免因蛋白质缺乏而造成不良后果。

禽类的副产品，如头、内脏、翅膀、腿、爪等均可喂貉，但一定要新鲜、清洗干净。这类饲料可按动物性饲料量的 20%左右给予（图 3-4）。

子宫、胎盘和胎儿也可以作为貉的饲料，但主要应该在幼兽生长期使用。配种期和妊娠期不能使用，以免造成流产、死胎等症。

食道是全价的蛋白质饲料，其营养价值与肌肉无明显区别。喉头和气管也可以作为貉的饲料，在幼兽生长期与鱼类及肉类配合使用能保证幼兽正常的生长发育。

在貉繁殖期，最好不使用子宫、胎盘、胎儿、鸡头、鸡肠等

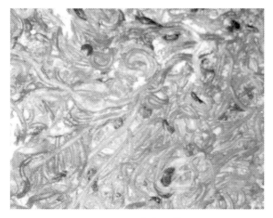

图3-4　禽类肠道

可能含有激素的副产品，在生长期也要限量使用，以免影响健康，有试验表明生长期使用含雌激素过高的动物副产品，会引起生长期发情及尿湿症，甚至死亡，所以饲喂前必须高温处理，同时要减少用量。

4. 乳、蛋类饲料：乳品和蛋类是貉的全价蛋白质饲料，含有全部的必需氨基酸，而且各种氨基酸的比例与貉的需要相似，同时非常容易消化和吸收。

（1）乳品类饲料。包括牛羊鲜乳和酸凝乳、脱脂乳、奶粉等乳制品，能提高其他饲料的消化率和适口性，促进母兽的泌乳和仔兽的生长发育。如给乳品类饲料时，在日粮中不应超过总量的30%，过量易引起下痢。

注意乳品类热天易酸败，要注意保存，禁用酸败变质的乳品喂兽。鲜奶要加温（70~100℃，10~16分钟）灭菌，待冷却后搅拌入混合饲料中。

（2）蛋类饲料。是营养极为丰富的全价饲料，容易消化和吸收，在混合饲料中可以提高含氮物质的消化率。短期喂给蛋类可以生喂，但因蛋清里面含有卵白素，有破坏维生素的作用，故不宜长期生喂，一般鸡蛋热处理对饲喂貉非常必要，把鸡蛋91℃处理至少5分钟可以使抗生物素蛋白变性，热处理还可以变性阻碍貉吸收铁的鸡蛋蛋白。蛋类饲料应在繁殖期作为精补饲料有效地利用，只是价格较高，饲喂量推荐每只每天10~20克。

孵化业的石蛋和毛蛋也可以喂貉，但必须保证新鲜，并经煮沸消毒。饲喂量与鲜蛋大致一样。

对未成熟卵黄（俗称蛋荏子或蛋包），在生长期可以少量使用，繁殖期最好不要使用，特别是妊娠期，容易引起流产及死胎，因为一般在淘汰蛋鸡屠宰分离时，未成熟卵黄很难与卵巢分离，易造成妊娠母貉雌激素中毒。

5. 干动物性饲料：干动物性饲料主要有鱼粉、肉粉、骨肉粉、肝渣、羽毛粉、蚕蛹粉、干鱼等。新鲜的动物性饲料不易保存和运输，而且使用还受季节和地域的限制，一般饲养场都应适当准备干动物性饲料，作为平时饲料的一部分，以备不时之需。目前毛皮动物饲料加工企业多以干动物性饲料为主要原料，对促进我国毛皮动物更大范围的养殖有非常积极的意义。

（1）鱼粉。是鲜鱼经过干燥粉碎加工而成的，是貉养殖户常用的干动物性饲料。其蛋白质含量一般在60%左右，钙、磷的含量高，钙达5.44%，磷为3.44%，且钙磷比较好；维生素B族含量高，特别是核黄素，B_{12}等含量高。其适口性好，营养丰富全价，是貉很好的干粉饲料原料。鱼粉通常含有食盐，一般鱼粉含盐量为2.5%~4%，若食盐含量过高，则会引起貉食盐中毒，所以含盐量过高的鱼粉不宜用来饲喂，或在饲料中的比例要适当减少。鱼粉的脂肪含量较高，贮藏时间过长容易发生脂肪氧化变质、霉变，严重影响适口性，降低鱼粉的品质。因为市场鱼粉价格较高，掺假现象比较多，用户在购买时要注意产品的质量，尽量减少生产损失（图3-5）。

图3-5　鱼粉

干鱼体积小，发热量较高，容易保存，饲喂前要用水浸泡，增加其适口性。干鱼的质量非常重要，腐败变质的鱼晒制的干鱼不能作为貉的饲料，以免引起毒素中毒。

（2）肉骨粉。用不适宜食用的家畜躯体、骨、内脏等做原料，经熬油后干燥的产品，一般不得混有毛、角、蹄、皮及粪便等物，在鲜鱼肉类产品缺乏时，是很好的貉饲料原料。肉骨粉蛋白质含量一般为40%～60%，因加热过度而不易被动物吸收，同时B族维生素较多，维生素A、维生素D较少，脂肪含量高，易变质，贮藏时间不宜过长。建议饲喂量控制在日粮干物质含量的30%以下（图3-6）。

（3）血粉。动物血液为原料，经脱水干燥而成。一般蛋白质含量为80%～85%，赖氨酸7%～9%，适口性差，消化率低，异亮氨酸缺乏，氨基酸组成不合理。大型肉联厂每年加工大量的血粉，如果质量没问题，可以作为貉的蛋白饲料，建议添加量在

5%以下。目前市场上有血粉的深加工产品，如血球蛋白粉、血浆蛋白粉等，均可以在貉饲料中部分添加，对平衡氨基酸有很好的作用（图3-7）。

图3-6　肉骨粉　　　　　　　图3-7　血粉

（4）肝渣粉。生物制药厂利用牛、羊、猪的肝脏提取维生素B和肝浸膏的副产品，经过干燥粉碎后就是肝渣粉。这样的肝渣粉经过浸泡后，与其他动物性饲料搭配，可以饲喂貉。但肝粉渣不易消化，喂量过大容易引起腹泻。

（5）蚕蛹或蚕蛹粉。蚕蛹和蚕蛹粉是鱼、肉饲料的良好代用品，蚕蛹可分为去脂蚕蛹和全脂蚕蛹两种，蚕蛹营养价值很高，貉对其消化和吸收也很好，但蚕蛹含有貉不能消化的甲壳质，故用量不宜过多，一般可占日粮的20%。

（6）羽毛粉。禽类的羽毛经过高温、高压和焦化处理后粉碎即成羽毛粉。蛋白质含量80%~85%，含有丰富的胱氨酸、谷氨酸和丝氨酸，这些氨基酸是毛皮兽毛绒生长的必须物质，在每年的春秋换毛季节饲喂，有利于貉的毛绒生长，并可以预防貉的自咬症和食毛症。羽毛粉中含有大量的角质蛋白，貉对其消化吸收比较困难，但熟制、膨化、水解或酸化处理后，可提高其消化率。不经加热加压处理的生羽毛粉，对貉食用价值很低（图3-8）。

图 3-8　羽毛粉

羽毛粉适口性较差，营养价值也不平衡，一般需与其他动物性饲料搭配使用，建议貉冬毛生长期添加量在 5% 以下。

（二）植物性饲料

包括各种谷物、油料作物和各种蔬菜，是碳水化合物的重要来源，也是貉热能的基本来源。

1. 谷物类饲料：一般喂貉的谷物饲料主要有玉米面、全麦粉、麦麸、细稻糠、高粱面、豆面、豆饼、花生饼、向日葵饼、亚麻油饼等。

各种油料作物含有 35%~48% 的粗蛋白质，富含有利于毛绒生长的含硫氨基酸（胱氨酸和蛋氨酸）以及某些必需的不饱和脂肪酸，但各种油料作物含 5%~14% 的纤维素，故不宜用量过多，一般不超过谷物饲料的 30%。貉在不同饲养时期对谷物的需要量也不同，一般日粮中按 50%~60% 熟制品的比例搭配。

谷物类饲料以糠、粉的形式混合熟制后饲喂，使营养物质能直接受消化酶的作用消化吸收。

豆类和麦麸的纤维含量较高，有刺激胃肠道加强其蠕动和分泌的作用。

各种谷物饲料混合饲喂，能提高营养价值。豆类和麦麸喂量不宜超过谷物饲料量的 30%，不然易引起貉消化不良和下痢。

2. 果蔬类饲料：主要包括各种蔬菜、野菜和次等水果。喂貉常采用的蔬菜和野菜有：白菜、大头菜、油菜、菠菜、甜菜、莴苣菜、茄子、角瓜、番茄、苦菜叶、胡萝卜、大葱、蒜等，也可用豆科植物的牧草和绿叶等。

青绿新鲜的蔬菜宜生喂，因生喂可避免维生素和可溶性盐类的损失。另外，蔬菜生喂可增加饲料的适口性并有助于消化作用。果蔬类饲料含水量大，多属碱性饲料，所以具有调节饲料容积和平衡酸碱度的功能，对母貉的怀孕、产仔及泌乳都大有好处。

果蔬类饲料发热量不大，在合理的日粮配合中仅占 3%~5%（热量比）。注意果蔬类饲料利用前必须摘除腐烂部分并充分洗涤，同时要了解是否有残存农药，以防中毒。

(三) 添加饲料

饲料添加剂可以补充貉必需的而在一般饲料中不足或缺少的营养物质，如氨基酸、维生素、矿物元素、酶制剂、抗生素等。

1. 维生素添加饲料：目前使用较多的维生素饲料有鱼肝油、酵母、麦芽、棉籽油及其他含维生素的饲料。

（1）鱼肝油。是维生素 A 和维生素 D 的主要来源。可按每只每天 800~1 000 国际单位投喂，最好在分食后滴于盆内饲喂。如果饲喂浓缩或胶丸的精制鱼肝油时，需用植物油低温稀释。如果常年有肝脏和鲜海鱼时，可不必补饲鱼肝油。鱼肝油中的维生素 A 易被氧化破坏，保管时要注意密封，置于清凉干燥和避光处，不宜使用金属容器保存。使用鱼肝油要注意出厂日期，以防久存失效而造成浪费。禁止饲喂变质的鱼肝油。

（2）酵母。酵母不但是 B 族维生素的主要来源，而且是浓缩的蛋白质饲料。经常使用的酵母有面包酵母、啤酒酵母、药用酵母和饲料酵母等。

在使用酵母时，除药用和饲用酵母外，均应加温处理，以杀死酵母中所含有的大量活酵母菌，否则貉采食活酵母菌后会发生胃肠膨胀，严重的可导致死亡。此外，不加温处理的活酵母利用率极低，仅有 17% 的维生素能被利用，经加温处理后的酵母，其维生素可全部被利用。但 B 族维生素遇碱或热都会被破坏，所以，灭菌时用 70~80℃ 的热水浸烫 15 分钟即可。如将酵母和蔬菜搅拌在一起，饲喂效果更佳。使用酵母时，要与碱性的骨粉分开喂饲，以防酵母中的 B 族维生素遭破坏。

日粮中供给干酵母时，每只可按 5~8 克计算；如用液态酵母，用量应增加 5~7 倍。日粮以肉类为主时，酵母用量可酌减；以鱼类为主时，应适当增加用量。

（3）小麦芽。是维生素 E 的重要来源，并含水量有磷、钙、锰和少量的铁，是貉繁殖期用以补充维生素 E、繁殖力的重要饲料。

小麦芽的制法：将淘洗干净的小麦放入加有少许食盐的清水中，浸泡 10~15 小时，捞出后，平铺于木盘内，厚约 1 厘米，盖上纱布，放于 15~20℃ 的避光处培养。每天洒水 2 次，始终保持麦粒清洁湿润。经 3~4 天即可生出淡黄色麦芽。一般 1 千克小麦可生出 2 千克黄色麦芽，每千克黄色麦芽中含维生素 E 250~300 毫克。禁止喂根部霉烂或生有网状白色真菌的麦芽。

（4）棉籽油。也是维生素 E 重要来源。每千克棉籽油一般可含维生素 E 3 克。喂貉时应采用精制棉籽油，因为粗制棉籽油中含棉酚等毒素。

养貉时也可添加精制品单一维生素或复合维生素制剂，以满足貉对各种维生素的需要。使用维生素精品时，一定要注意按使用说明饲喂。

2. 矿物质饲料：貉需要的矿物质前面已有介绍，常规貉饲料中有些矿物质可以满足，有些则需适当补给。除常规的矿物质饲料如骨粉、食盐等外，目前针对不同地方矿物质供给特点，一般采用无机矿物盐进行补充，如硫酸亚铁用来补充铁的缺乏，硫酸铜用来补充铜的缺乏等。由于无机矿物盐价格便宜，应用比较广泛。

3. 特种饲料：既不是貉生命活动中所必需的营养物质，也不是饲料中的营养成分，但是它对貉机体和饲料有良好作用，如抗生素、益生素和抗氧化剂等。

（1）抗生素。在貉日粮中不定期添加少量的抗生素，可以促进生长，提高幼兽的成活率，防止疾病的发生，同时能延缓饲料的腐败。目前，采用的抗生素有畜用土毒素、金霉素、杆菌肽锌、黏菌素等。

（2）益生素。主要是由乳酸杆菌、双歧杆菌、芽孢杆菌、酵母菌及其他生长促进菌种组成，它能有效地抑制病原菌群在肠道的无序繁殖，防止貉肠道疾病的广泛发生，使动物机体保持健康状态，而且没有抗药性，是较好的一种添加饲料。

（3）抗氧化剂（抗酸化剂）。是抑制饲料脂肪酸败的物质。在貉的日粮中供给少量抗氧化剂，可以提高兽群的成活率，防止貉发生脂肪组织炎及黄脂肪病。

4. 全价、浓缩及预混合饲料：根据貉的营养需要和各种饲料营养成分特点合理的调配日粮，才能以最少的饲料消耗，获得最多的产品和最好的经济效果。

貉全价饲料是指由蛋白质饲料、能量饲料、矿物质饲料和添加剂预混料按不同时期貉营养需求配合成的一种饲料混合物。

貉浓缩饲料是指由两种或两种以上蛋白质饲料、能量饲料、矿物质饲料或添加剂预混料按一定比例组成的饲料，通过与其他能量或蛋白质饲料等混合后能满足貉主要营养需求的一种蛋白含量较高的混合物。

貉预混合饲料是指两类或两类以上的微量元素、维生素、氨基酸或非营养性添加剂等微量成分加有载体或稀释剂的均匀混合物。

全价、浓缩及预混饲料采用容易常温贮存的鱼粉、肉骨粉、膨化大豆、膨化玉米、维生素及微量元素等配制蛋白质及能量适宜的干粉或颗粒全价饲料，以动物及植物蛋白质饲料为主的浓缩饲料及以维生素、矿物质、酶制剂等为主的预混合饲料，为养殖户全面科学地解决了营养的难题。科学配制的商用全价、浓缩及预混饲料能生产出优质的貉毛皮，同时降低养殖的饲料成本，减少劳动生产成本，增强人为控制因素，解决目前阻碍我国貉养殖业发展的鲜饲料资源严重短缺问题，促进了我国貉养殖业健康发展。

四、饲料的品质鉴定

貉的大部分动物性饲料是以鲜、湿的状态进行饲喂的，一旦这些饲料腐败变质，将会给动物的健康、繁殖、生长造成很大的损害。因此，在家庭养貉的过程中，对所喂饲料的品质进行鉴定、检验非常重要。

（一）肉类饲料的品质鉴定

肉类饲料应当是新鲜优质的，不应有腐败变质的现象。感官检验主要根据肉的性状、色泽、气味等方面加以鉴别（表3-2）。

表 3-2　肉类新鲜程度鉴别

项目	新鲜	不新鲜	腐败
外观	表面有微干燥的外膜，呈玫瑰红或淡红色，肉汁透明，切面湿润、不黏	表面有风干灰暗的外膜或潮湿发黏，有时生霉，切面色暗、潮湿、有黏液，肉汁浑浊	表面很干燥或很潮湿，带淡绿色，发黏发霉，断面呈暗灰色，有时呈淡绿色，很黏、很潮湿
弹性	切面质地紧密有弹性，指按压能复原	切面柔软，弹性小指按压不能复原	切面无弹性，手轻压可刺穿
气味	无酸败或苦味，气味良好，具有各种肉的特有气味	有较轻的酸败味，略有霉气味，有时仅在表层，而深层无味	深、浅层均可嗅到腐败味
色泽	色白黄或淡黄，组织柔软或坚硬，煮肉汤透明芳香，表面集聚脂肪	呈灰色，无光泽，易粘手，肉汤稍有浑浊，脂肪呈小滴浮于表面	污秽，有黏液，常发霉，呈绿色，肉汤浑浊，有黄色或白色絮状物，脂肪极少浮于表面

（二）鱼类饲料的品质鉴定

各种鱼的新鲜度，可根据眼、鳃、肌肉、肛门和内脏等状况进行鉴别（表3-3）。

表 3-3　鱼类新鲜程度鉴别

项目	新鲜	次鲜	近于腐败	腐败
体表	有光泽，黏液透明，有鲜腥味，鳞片完整不易脱落	光泽减弱，黏液较透明，稍有不良气味，鳞片完整	暗灰色，黏液浑浊浓稠，有轻度腐败味，腹部稍呈膨大	黏液浑浊，黏腻，有明显腐败味，鳞片不完整、易脱落，胸部明显膨大
眼	眼球饱满突出，角膜透明	眼球发暗、平坦	眼球轻度下陷，角膜微浊	眼球塌陷，角膜混浊
鳃	鲜红或暗红色	暗灰红色，带有浑浊黏液	淡灰褐色，黏液有异味	呈灰绿色，黏液有腐败味

（续表）

项目	新　鲜	次　鲜	近于腐败	腐　败
肌肉	肉质坚硬有弹性	硬度稍差，但不松弛	肉质松软多汁，指压后的凹陷恢复差	组织柔软松弛，指压后的凹陷不能恢复，肉和骨附着不牢，肋刺脱出
肛门	紧缩	稍突出	突出	外翻
内脏	正常	肝脏外形有所改变	肝脏和肠管有分解现象，内脏被胆汁染成黄绿色	肝脏腐败分解，胃肠等变成无构造的灰色粥样物

（三）乳的品质鉴定

乳的新鲜度应根据色泽、状态、气味、滋味判断（表3-4）。

表3-4　乳品新鲜程度鉴别

项　目	正常乳	不正常乳	
		变　化	原　因
色　泽	乳白色并稍带微黄	蓝色、淡红色、粉红色	细菌、乳腺炎或饲料引起
状　态	均匀一致，不透明，液态，无沉淀，无杂质，无凝块	黏滑，有絮状物或多孔凝块	细菌
气味及滋味	特有香味，可口稍甜	葱蒜味，苦味，酸味，金属味，外来气味	饲料、细菌、容器引起，或贮存不当

（四）蛋类饲料的品质鉴定

新鲜的蛋壳表面有一层粉状物，蛋壳清洁完整，颜色鲜艳。打开后蛋黄凸起、完整并带有韧性，蛋白澄清透明、稀稠分明。受潮蛋蛋壳灰污并有油质，打开后可见蛋清水样稀稠，弹壳内壁发黑粘连，常可嗅到腐败气味。

（五）干动物性饲料和干配合饲料的品质鉴定

小型养殖户可以从以下几个方面来检验饲料的好坏。

1. 眼看：根据原料的色泽可大概判断动物源性原料与植物原料所占比例。但色泽不是决定饲料好坏的唯一标准；看看色泽是否均匀一致；颗粒度是否均匀，是否有结块、发霉现象；包装体积如何，如太大可能是膨化玉米等植物原料含量过多，如太小可能是玉米膨化度不够。

2. 鼻闻：正常的毛皮动物干粉饲料中常用鱼粉香、鱼腥香、奶香、奶甜香、果香、鸡肉香、牛肉香、猪肉香、大豆香、大蒜素等调味剂，对毛皮动物进行诱食，调整其适口性。闻闻有没有其他气味，如发霉气味、油脂哈喇味、酒糟味、氨气味（尿素等非蛋白氮形成的）及其他异味。好的产品能闻到膨化玉米、膨化大豆及油脂的特有香味。

3. 手攥：好的产品在手上有重量感、不发飘，用手攥后松开成型，留有手印，同时手上粘有油脂（繁殖期油质量稍低除外）。否则质量欠佳。

4. 嘴尝：看饲料是否过咸，或有涩味、苦味等异常味道。

5. 水泡：好的产品加 3 倍水后，呈粥状，饲料黏稠度以能立住方便筷子为正好。过干说明饲料中玉米等植物性原料过多，因为植物原料吸水量远远高于动物原料吸水量；太稀且不黏稠，说明玉米膨化度不够。

6. 喂食：好的饲料适口性非常好，有时不需要过渡，大多数毛皮动物换料直接吃，个别动物最多需要一两天时间过渡。否则，大多数不采食，甚至拒食，但病兽除外。

7. 疾病：不腹泻，能保证动物具有良好的吸收率，生长旺盛，毛色光洁柔顺。有一些饲料粗蛋白质水平较高，但貉吸收率很低，反映出来的饲养效果就是生长迟缓，毛色无光泽，易腹泻等症状。饲养效果还可以通过采食饲料的动物有无营养性缺乏疾病，饲养动物死亡率是否高来判定。一般生长期毛皮动物死亡率在 1%~3%，在没有重大传染性疾病或异常死亡的情况下，超过这个比率时，很大程度与饲料营养性缺乏有关，特别是微量元素和维生素的缺乏。

（六）谷物饲料的品质鉴定

谷物饲料在贮存不当的情况下，受酶和微生物的作用，易引起发热和变质。检验谷物饲料时，主要根据色泽是否正常，颗粒是否整齐，有无霉变及异味等加以判断。凡外观检查变色、发霉、生虫，嗅有霉味、酸臭味，舔尝有酸苦等刺激味，触摸有潮湿感或结成团块者，均不能利用。

（七）果蔬饲料的品质鉴定

新鲜的果蔬饲料具有本品种固有的色泽和气味，表面不黏。失鲜或变质的果蔬，色泽灰暗发黄并有异味，表面发黏，有时发热。

五、饲料的贮存和加工

（一）饲料的贮存

由于许多种类的饲料不可能保证全年均衡供应，加上价格及运输等方面的原因，使得在一定时期内对某些种类的饲料进行适当的贮存显得十分必要。

貉饲料的贮存方法对贮存时间的长短有很大影响，尤其是新鲜的鱼、肉饲料，如贮存方法不当，往往易变质腐败，因此，应尽量采取有效办法，延长饲料的保鲜时间。经常采用的方法有以下几种。

1. 低温贮存法：有条件的饲养场可建较大的机动冷库或购置低温冷藏箱贮存饲料。没有条件的地方，也可因地制宜修建各种土冰窖。

（1）冰冻封闭式土冰库。于冬季严寒季节将鱼、肉饲料冻成小块，堆放于避风、背阴处，盖一层草帘，每日在帘上洒水，冻一层洒一层，至冰层厚度达到 1 米左右，再在冰上盖一层约 1 米厚的锯末、稻壳，最上层盖 30~40 厘米厚的泥土。取用饲料时，挖开一角，取料后立即用草帘或数层旧麻袋将开口处盖严。此方法简便易行，初春解冻后用此法仍可保鲜鱼、肉 2~3 个月。

（2）室内缸式土冰库。盖一夹层墙式库房，大小视需要而定。夹层中添以炉灰渣或稻壳、锯末，双层房门。室内放置大水缸数个，缸间距 30~50 厘米，缸与缸之间用稻壳或锯末填紧，填至于缸口平齐，之后将鱼、肉饲料和碎冰块混合倒入缸内，缸口用旧棉被或麻袋盖严。缸底部需开一小孔，接上胶皮管，从地下通往室外，用以排出融化的冰水。

2. 高温贮存法：新购回的新鲜鱼、肉，一时喂不了时，可放于锅中蒸（或煮）熟，取出后存放在阴凉处。经高温处理的饲料只能短时间保存，是临时性的，不能放外置过久。

3. 干燥贮存法：饲料干制的方法主要有晾晒和烘烤。

（1）晾晒。先将饲料切割成小块，再置于通风处晾晒。大鱼须剖腹并除去内脏后晾晒，小鱼可直接晾晒。晾晒饲料的方法简单，但太阳照射往往易发生氧化酸败，使饲料营养价值降低。

（2）烘烤。将鱼、肉、内脏下杂等饲料煮熟，切成小块置于干燥室内加温烘干。干燥室必须有通风孔，以利于排出水分，加快干燥速度。

干饲料的含水量须低于 12%，否则饲料与空气接触会吸湿变质。因此，保存干饲料要尽量隔绝空气，防止吸湿。贮藏室地面要铺细沙和炉灰渣做成防潮层或制成通风道，地面上再铺 30 厘米厚的干燥稻壳，贮藏室的四壁和顶盖要密封不透风。

4. 盐渍贮存法：在干燥的水泥池或大缸中。撒一把盐，放一层饲料，再撒一把盐，再放一层饲料，如此反复堆置，顶部用木板压实，加水淹没饲料。

盐渍法处理的饲料可保存较长时间，但因饲料含盐量较大，利用前必须用清水浸泡脱盐，至少要浸泡 24 小时，中间要换水数次并不断搅动，脱尽盐分后才能喂貉。

5. 粮食和蔬菜的贮存：貉用的谷物类和豆类饲料应贮藏于阴凉通风干燥的仓库内，放在离地面 0.5～1 米的隔板之上。需注意的是堆放层不能太厚，且须经常翻动，以散热去潮，防止霉变。同时，要防止鼠害，降低粮食消耗，防止病害蔓延。

新鲜蔬菜含水量大，如成堆放置过久，易发黄发霉、腐烂还产生有毒的亚硝酸盐。最好随用随取，放在阴凉通风处，单层平铺，一般不成堆放置，以免发热变质。寒冷的北方，冬季应将菜贮藏于窖内。

（二）饲料的加工

1. 鱼、肉类饲料：将新鲜海杂鱼和经过检验合格的牛羊肉、碎兔肉、肝脏、胃、肾、心脏及鲜血等（冷冻的要彻底解冻），洗去泥土和杂质，粉碎或绞碎后直接生喂。

品质虽然较差，但还可以生喂的肉、鱼饲料，首先要用清水充分洗涤，然后用 0.05% 的高锰酸钾溶液浸泡消毒 5～10 分钟，再用清水洗涤一遍，方可绞碎加工后生喂。

淡水鱼需经熟制后方可饲喂。淡水鱼熟制时间不必太长，达到消毒和破坏硫胺素酶的目的即可。消毒方式要尽量采取蒸煮、蒸汽高压短时间煮沸等方式。死亡的动物尸体、废弃的肉类和痘猪肉等应用高压蒸煮法处理。

质量好的动物性干粉饲料（鱼粉、肉骨粉等），可与其他饲料直接混合调制喂食。

自然加盐晾晒的干鱼，一般都含有 5%～30% 的盐，饲喂前必须用清水充分浸泡。冬季浸泡 2～3 天，每日换水两次；夏季浸泡 1 天或稍长一点时间，换水 3～4 次，彻底去盐后可以食用。没有加盐的干鱼，浸泡 12 小时达到软化的目的后饲喂。浸泡后的干鱼经粉碎处理，再同其他饲料合理调制供生喂。

对于难以消化的蚕蛹粉，可与谷物混合蒸煮后饲喂。品质差的干鱼、干羊肉等饲料，除充分洗涤、浸泡或用高锰酸钾溶液消毒外，需经蒸煮处理，以增加适口性。

高温干燥的猪肝渣和血粉等，除了浸泡加工之外，还要经蒸煮，以达到充分软化的目的，这样能提高消化率。

表面带有大量黏液的鱼，按 2.5% 的比例加盐搅拌，或用热水浸烫，除去黏液；味苦的鱼，除去内脏后蒸煮，熟化后再喂。这样既可以提高适口性，又可预防动物患胃肠炎。

咸鱼在使用前要切成小块，用清水浸泡 24～36 小时，换水 3～4 次，待盐分彻底浸出后方可使用。质量新鲜的可生喂，品质不良的要熟喂。

2. 乳品和蛋类饲料：新鲜的牛乳、羊乳等喂前要进行消毒处理，一般是用锅加热至 70～80℃，保持 15 分钟，冷凉后加入饲料中饲喂。乳粉用温开水按 1∶（7～8）的比例溶解稀释后加入混合饲料中饲喂。蛋类主要有鲜蛋、无精蛋、毛蛋等均要煮熟后饲喂。

3. 果蔬类饲料：蔬菜要除掉根和腐烂部分，洗去混土和杂质，冲洗掉有害的农药或化肥后绞碎生喂。菠菜有轻泻作用，最好用热水烫一下再与其他饲料混匀饲喂。水果要切去腐烂部分，洗净泥土和有害农药后绞碎生喂。番茄、角瓜和叶菜类搭配利用效果好。

4. 谷物性饲料：作物的籽实要粉碎成细末、成粉状，最好几种谷物混合搭配饲喂，效果好。谷物饲料要充分熟制利用，否则半生半熟时，貉食后易引起胃肠膨胀或发生肠炎，对貉健康不利。熟化常用的方法有膨化、焙炒和蒸煮。

（1）膨化法。该法效果最好，但膨化机等一次性投资及运转成本较高。

（2）焙炒法。粮谷类在炒锅内焙炒，或用微波、红外线加热一定时间而糊化的方法。该法比较经济但应注意加热时间，掌握好糊化标准。

（3）蒸煮法。该法较适用于鲜饲料的配制。

5. 维生素类饲料：水溶性维生素有维生素 B_1、维生素 B_2 和维生素 C 等，可先溶于40℃以下的温水中，然后在喂食前拌入饲料中饲喂。脂溶性维生素有维生素 E、维生素 A、维生素 D 等，浓度较高，可用豆油稀释并浸泡后在喂食前加入饲料中喂貉。药用酵母和饲料用酵母可在饲喂前直接加入饲料中混匀喂貉。

6. 无机盐饲料：食盐要准确称量并充分化成盐水后加进混合饲料中，一定要搅拌均匀。注意不允许将盐粒直接拌入饲料中利用。骨粉可按量直接加入饲料中，但注意不要和维生素 B_1、维生素 C 及酵母混合在一起调剂，以防有效成分遭到破坏。

六、貉的日粮配制

配制饲料需利用好当地饲料资源优势，利用容易获得、稳定、价格便宜、营养价值高、适口性好的饲料进行综合配制。养殖户可以自己配制日粮，只要能满足貉的营养需求，降低饲料成本，最大限度地发挥动物的生产性能，就是好的配方。

（一）貉日粮的配制依据

1. 配制饲料应考虑日粮的适口性及貉采食的习惯性：在设计饲料配方时应选择适口性好、无异味的饲料，对适口性差的饲料可少加或添加调味剂，以提高其适口性，还可通过合理加工方式（如膨化）来提高其适口性。

2. 参考貉的饲养标准确定不同时期的营养需要量：在设计饲料配方时，应根据具体情况，适当利用饲养标准或营养推荐需要量所列数值进行参考，配制出科学合理的配方，以发挥貉的生产性能。

3. 必须结合貉不同生物学时期的生理状态及消化生理特点，选用适宜的饲料原料。选择的饲料原料必须经济、稳定、适口性好，这是设计优质、高效饲料配方的基础。比如仔兽需要消化好、营养丰富的饲料。

4. 饲料成分及营养价值表：在配制饲料时，应先结合貉的生理时期、饲料价格及饲料的营养特点，选取所要用的饲料原料，再结合饲料成分或营养价值表计算所设计饲料配方是否符合貉饲养标准中各营养物质规定的要求，并进行相应调整。有条件的单位可进行常规饲料成分分析；如没有条件，可选用平均参考值进行计算。计算混合饲料的营养成分往往与实测值不同，在大型生产场应进行配制后检测，保证貉饲料营养供给平衡的准确性。

5. 所选饲料应考虑经济的原则：应尽量选择营养丰富而价格低的饲料进行配合，以降低饲料成本，同时饲料的种类和来源也应考虑经济原则，根据实际情况，因地制宜、因时制宜地选用饲料，保证饲料来源的方便、稳定。合理配合日粮，要尽可能利用当地饲料资源，就地取材。饲料品种要力求多样化，品质要新鲜。

6. 日粮组成的饲料原料尽可能多样化：在日粮配合时，尽可能用较多的可供选择饲料原料，满足不同的营养需求。同时也要注意保持饲料的相对稳定，避免主要饲料品种的突然变化，否则将会引起适口性降低。

（二）貉日粮的配制方法

貉的日粮配制应结合当地饲料品种而定，做到新鲜、全价，科学合理搭配，力求降低成本，保证营养需要。

1. 饲料配制的准备：

（1）确定营养指标。应找一个相对科学、准确的标准。

（2）确定饲料的种类。饲料种类可根据营养指标、饲料价格、季节特征等进行综合考虑。

（3）查营养成分表。大多常规营养饲料的营养成分从网上可以查阅，对没有营养成分分析表的饲料，必要时可找有分析能力的科研部门检测，大型貉场最好对各种饲料取样分析。饲养场参考的资料应尽可能是本地区、本品种及相似自然条件下的饲料营养成分价值含量表。

（4）确定饲料用量范围。根据生产实践、饲料的价格、来源、库存、适口性、营养特点、有无毒性、动物的生理阶段、生产性能等，来确定饲料的用量范围。

2. 饲料配合的计算方法：

（1）重量配比简单估算法。由营养需要推荐量知道每只种貉每天给饲量 400 克，其中，蛋白质 70~80 克。动物类饲料占日粮总量的 40%、植物类占 50%、果蔬占 10%。详见表3-5。

表3-5　母貉妊娠期饲料单

饲料种类		蛋白质(%)	占日粮（%）		每天每只饲量（克）	蛋白质含量（克）	
动物类	鲜杂鱼	18	20		80	14.4	
	肉粉	50	10	40	40	20	43.2
	鸡肠	22	10		40	8.8	
植物类	膨化玉米	8	30		120	9.6	
	麦麸	14	10	50	40	5.6	32.0
	豆粕	42	10		40	16.8	
果蔬类		1		10	40	0.4	
合　计			100		400	75.6	

另外，加维生素、豆汁、酵母，骨粉、食盐。通过计算投料中含粗蛋白质为75.6克，达到了蛋白质的要求标准。每天每头用量乘以全场饲养貉总头数，就得出每天全场饲料的总需量，最后按早食占40%、晚食占60%的投给量分别喂饲。

（2）交叉配合法。

①两种饲料配合。如用膨化玉米、鱼粉为原料给貉育成期配制一混合饲料。

a. 查"貉育成期饲养标准或营养需要量（或推荐量）"知这一时期貉要求蛋白质水平应达26%，经取膨化玉米、鱼粉进行成分分析或查"饲料营养成分表"知玉米粗蛋白质水平为8%，鱼粉为64%。

b. 如图3-9画一个叉，交叉处写上所需混合饲料的粗蛋白质水平（26），在叉的左上下角分别写上膨化玉米及鱼粉的粗蛋白质水平（8和64），然后依交叉对角线进行计算，大数减小数，所得数分别记在叉的右上下角。

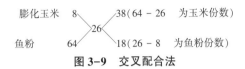

图3-9　交叉配合法

用上面计算所得差数，分别除以两差数之和，就得出两种饲料混合的百分比。

玉米% = 38/（38+18）×100% = 67.86%

鱼粉% = 18/（38+18）×100% = 32.14%

由此得出欲配制粗蛋白质为26%貉育成期饲料，膨化玉米应占67.86%，鱼粉应占32.14%。

②多种饲料分组的配合。如要用膨化玉米、次粉、膨化大豆、肉粉、鱼粉、矿物质原料及添加剂给冬毛期貉配制一粗蛋白质水平为24%的混合饲料。

a. 先把上面饲料原料分成3类：低粗蛋白质水平能量饲料（膨化玉米、次粉），蛋白质类饲料（膨化大豆、肉粉和鱼粉），矿物质及添加剂类饲料；然后根据饲料价格、生产经验、貉的生理特点及饲料混合限量等综合考虑，给出能量饲料，蛋白质类饲料的固定组成（表3-6）。查出各饲料原料的蛋白质含量。矿物质饲料占混合料1.7%，添加剂占混合料的0.8%，食盐占0.5%，共计3%。

表3-6　经验饲料分类

分类	饲料原料	粗蛋白质含量（%）	分类后经验指定百分组成（%）	混合粗蛋白质含量（%）
能量饲料	膨化玉米	8	80	9.4
	次粉	15	20	

（续表）

分类	饲料原料	粗蛋白质含量（%）	分类后经验指定百分组成（%）	混合粗蛋白质含量（%）
蛋白质饲料	膨化大豆	36	40	50.2
	肉粉	60	40	
	鱼粉	64	20	

b. 计算出未加矿物质、食盐及添加剂前混合饲料中粗蛋白质应有的含量。

要保证添加 1.7%矿物质饲料、0.5%食盐及 0.8%添加剂后的混合料的粗蛋白质含量为 24%，必须先将添加量从总量中扣除（即未加它们前混合料的总量应为 100%-3%＝97%），那么未加 3%不含粗蛋白质饲料时混合料粗蛋白质含量应为 24/97×100%＝24.74%。

c. 将混合能量饲料与混合蛋白饲料做交叉计算（图 3-10）。

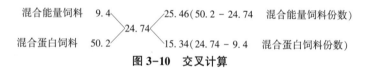

图 3-10　交叉计算

混合能量饲料%＝25.46／（25.46 +15.34）×100%＝ 62.4%

混合蛋白饲料%＝15.34／（25.46 +15.34）×100%＝ 37.6%

d. 计算混合料中各成分的比例。

上面交叉法易满足单一营养指标，而且直观、简单，在要求同时考虑能量、蛋白质及其他营养指标时，生产中用得较多的是试差法，或叫凑数法。

（3）试差配合法。例如：为貉育成期配制一全价日粮。

①查饲养标准或营养需要量，确定每千克干物质代谢能为

13.7 兆焦/千克，粗蛋白质为 28%，脂肪为 8%，钙为 1.2%，磷为 0.7%，赖氨酸 1.8%，蛋氨酸为 0.9%，食盐为 0.5%，添加剂为 1%。

②确定使用饲料原料，并查出其各营养成分的含量，如表 3-7。

表 3-7 所使用饲料原料的各营养成分及试配结果

原料	试配日粮比例（%）	代谢能（兆焦/千克）	蛋白质（%）	粗脂肪（%）	钙（%）	磷（%）	赖氨酸（%）	蛋氨酸（%）
膨化玉米粉	45	13.2	8.3	3.5	0.02	0.27	0.24	0.164
小麦次粉	10	10.2	15	2.1	0.08	0.52	0.52	0.16
膨化大豆粉	15	18.2	36.5	18	0.2	0.4	2.3	0.66
鱼粉	10	13.5	64	10.36	5.45	2.98	4.9	1.84
肉粉	18	14	60	15	1.07	0.68	2.73	0.86
赖氨酸	0.25	12	99	0	0	0	99	0
蛋氨酸	0.25	12	98.5	0	0	0	0	98.5
食盐	0.5	0	0	0	0	0	0	0
添加剂	1	12	20	0	15	7	12	16
总计	100	13.82	29.51	8.48	0.95	0.73	1.90	0.95
要求	100	13.7	28	8	1.2	0.7	1.8	0.9
相差	0	+0.04	+0.60	+0.22	-0.27	+0.02	+0.05	+0.03

③确定部分原料的配比，根据经验，由于鱼粉较贵，一般比例不超过 10%，食盐及添加剂比例固定，分别为 0.5% 及 1%。

④先按代谢能和粗蛋白质的需求量试配，计算所配日粮总营养水平，饲料的营养水平是通过每种原料的比例乘以相应营养物质的总和计算得来的，如上表中代谢能 = 45% × 13.2 + 10% ×

10. 2+15%×18. 2+10%×13. 5+18%×14+0%×36. 2+0. 25%×12+
0. 25%×12+1%×12，其他营养物质计算方法相似。试配是有目
标的，具体原则是：先固定给出鱼粉的比例为10%，玉米及小
麦次粉蛋白质水平较低，而大豆、肉粉蛋白质水平高，可以用来
调节蛋白质水平的高低，同时大豆脂肪含量高，代谢能较高，可
以用来调节代谢能水平，这样多次调整运算，直到结果与营养需
要量接近，相差不超过5%即可。对于脂肪、赖氨酸、蛋氨酸如
果计算后不足，可以单独添加调节，钙磷水平也可以通过适当提
高含钙磷高的鱼粉或骨粉来调节。表3-7为举例试配计算结果，
结果表明代谢能水平与粗蛋白质水平高于要求水平，要想达到要
求目标，应相应降低蛋白质饲料配比，膨化大豆降低可以同时降
低代谢能、蛋白质和脂肪水平，结果钙水平与要求有差距，可以
适当再调整。调整后的饲料组成如表3-8。

表3-8　试配日粮比例及其计算结果

原料	试配日粮比例（%）	代谢能（兆焦/千克）	蛋白质（%）	粗脂肪（%）	钙（%）	磷（%）	赖氨酸（%）	蛋氨酸（%）
膨化玉米粉	46	13.2	8.3	3.5	0.02	0.27	0.24	0.164
小麦次粉	10.1	10.2	15	2.1	0.08	0.52	0.52	0.16
膨化大豆粉	15	18.2	36.5	18	0.2	0.4	2.3	0.66
鱼粉	12	13.5	64	10.36	5.45	2.98	4.9	1.84
肉粉	15	14	60	15	1.07	0.68	2.73	0.86
赖氨酸	0.2	12	99	0	0	0	99	0
蛋氨酸	0.2	12	98.5	0	0	0	0	98.5
食盐	0.5	0	0	0	0	0	0	0
添加剂	1	12	20	0	15	7	12	16
总计	100	13.72	28.09	8.02	1.01	0.77	1.82	0.90

（续表）

原料	试配日粮比例（%）	代谢能（兆焦/千克）	蛋白质（%）	粗脂肪（%）	钙（%）	磷（%）	赖氨酸（%）	蛋氨酸（%）
要求	100	13.7	28	8	1.2	0.7	1.8	0.9
相差	0	+0.02	+0.09	+0.02	-0.19	+0.07	+0.02	0

试差法在生产中应用广泛，在进行调配过程中应使选用原料多样化，保证能调配出所要求的营养水平，同时应考虑饲料原料价格，在保证营养水平条件下，选择价廉质优的原料。在调配中可先按营养需要的98%比例计算，再用2%的机动比例调配，这样更易使营养成分平衡，减少运算。

（三）　配制饲料时应注意的问题

（1）在配制貉日粮时，动植物饲料应混合搭配，力求品种多样化，保证营养物质全面，提高其营养价值和消化率。

（2）注意饲料的品质和适口性。发现品质不良或适口性差的饲料，最好不喂，禁止饲喂发霉变质的饲料。另外注意保持饲料的相对稳定，避免主要饲料原料的突然变化而引起动物采食下降或拒食。

（3）根据当地的饲养条件合理配合日粮，尽量选择价格便宜的饲料，以降低饲养成本。

（4）加工鲜配合饲料时应在临近喂食前完成，减少饲料营养物质的破坏。

（5）配合日粮要准确称量，搅拌均匀，尤其是维生素、微量元素和氨基酸等，必须临喂前加入，防止过早混合被氧化破坏。饲料不要加水太多，过于稀的饲料会造成动物被动饮水，增加机体水代谢负担和微量元素的排出，同时冬季饲料要适当加温，以免结冻，引发貉肠道疾病的发生。

（6）温度（冷热）差别大的饲料应分别放置，待温差不大时再进行混合和搅拌。

（7）牛奶在加温消毒时，要正确掌握温度。牛奶加温消毒冷却后再用。适宜的消毒杀菌温度和时间为：70～80℃，15分钟。

（8）谷物饲料应充分粉碎、熟制。熟制时间不宜过长，否则不利于消化。

（9）缓冻后的动物性饲料，在调制室内存放时间不宜超过24小时。

（10）动物的胎盘、鸡尾等含有性激素的动物性饲料，严禁饲喂繁殖期貉，否则易造成发情紊乱、流产等不良后果。

貉鲜饲料生产流程见图 3-11 至图 3-14。

图 3-11　冻肉粗绞

图 3-12　搅拌罐进行搅拌

图 3-13　搅拌后由皮带输送机输送至精绞机

图 3-14　精绞机进行精绞

（四）貉的参考饲（日）粮配方

1. 典型鲜配合饲料配方：表 3-9、表 3-10 介绍一些较典型的饲（日）粮配方，供养貉个体户参考。

表 3-9　貉鲜饲料推荐配方

使用阶段	配合比例（%）							
	膨化玉米	鲜杂鱼	鸡架或鸭架	鸡肠或鸡头	鸡蛋	貉预混料	油	合计
生长前期	40	20	15	20	0	4	1.0	100.0
冬毛期	45	15	10	24	0	4	2.0	100.0
繁殖期	35	30	24	0	6	4	1.0	100.0
泌乳期	30	40	25	0	0	4	1.0	100.0

注：添加剂主要为各种维生素、微量元素、益生素、酶制剂及抗生素等，下同

表 3-10　貂泌乳期、育成期、冬毛生长期典型鲜配合饲料配方

(克/(只·日))

原　料	泌乳期 (母、仔兽)	幼貂 育成期	冬毛生长期 9月份	冬毛生长期 10月份	冬毛生长期 11~12月份
海杂鱼	100	50	50	40	—
畜禽内脏	60	30	80	40	50
玉米面和豆面	180	130	180	180	104
白菜	120	100	130	120	100
苜蓿	60	—	—	—	—
胡萝卜	—	—	—	—	40
牛乳和豆浆	320	130	150	170	150
鱼骨	20	10	—	—	—
骨粉	20	10	6.5	8	5
食盐	3.0	1.6	2.5	2.5	2.0
酵母	14	5	8.5	5	5
鱼肝油 (国际单位)	800	500	—	—	—
每只每日量	922	469	608	566	456

(引自中国农业科学院特产研究所)

2. 典型干饲料配方：貂干粉饲料推荐配方及营养水平，见表 3-11。

表 3-11　貂干粉饲料推荐配方及营养水平　　　(%)

原料	维持期	育成期	冬毛期	繁殖期	哺乳期
膨化玉米粉	38	33.3	38.2	36	32.5
膨化大豆粉	6	8	10	12	10
赖氨酸	0.3	0.65	0.65	0.65	0.55
蛋氨酸	0.2	0.35	0.45	0.35	0.3
肉骨粉	10	10	10	12	15
玉米蛋白粉	—	4	—	6	9

（续表）

原料	维持期	育成期	冬毛期	繁殖期	哺乳期
膨化血粉	4	—	—	—	—
羽毛粉	—	—	4	2	2
DDGS	32.5	29	26	30	30
小麦次粉	8	8	8	—	—
鱼粉	—	5	—	—	—
鸡油（或豆油）	—	1	2	—	—
添加剂	1	1	1	1	1
总计	100	100.3	100.3	100	100.35
营 养 水 平					
代谢能（兆焦/千克）	13.36	13.71	13.96	13.82	14.07
粗蛋白质	24.41	27.14	24.58	28.14	30.30
粗脂肪	7.20	8.59	9.29	8.37	8.43
纤维	4.44	4.20	4.08	4.41	4.34
钙	1.02	1.28	1.00	1.16	1.37
磷	0.71	0.86	0.72	0.78	0.89
赖氨酸	1.34	1.81	1.60	1.70	1.65
蛋氨酸	0.67	0.89	0.91	0.92	0.91

由于各地鲜饲料资源不同，其配方也各不相同。但其原则是尽可能根据当地的饲养条件合理配合日粮，利用当地的饲料资源，就地取材，降低饲养成本。

第四章　貉的繁殖育种

一、貉生殖系统解剖特点

(一) 公貉的生殖系统

公貉的生殖系统由睾丸、附睾、输精管、副性腺及阴茎等部分组成 (图4-1)。

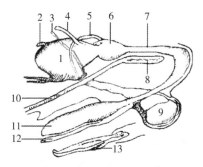

图4-1　公貉的生殖系统

1. 膀胱；2. 左输尿管；3. 睾丸血管；4. 右输尿管；
5. 输精管；6. 前列腺；7. 尿道；8. 耻骨联合；9. 睾
丸；10. 腹壁；11. 阴茎；12. 包皮；13. 阴茎骨

1. 睾丸：公貉有 1 对睾丸，呈卵圆形，由睾丸囊包裹着，位于腹股沟部阴囊里。睾丸的功能是产生精子并分泌雄性激素，睾丸内有细长的曲细精管，是生成精子的场所。貉是季节性繁殖的动物，1年中其睾丸有明显的季节性变化。5~10月为静止期，睾丸直径5~10毫米，重0.5~1克，无精子；11月至翌年1月为发育期，体积和重量都不断增加；2~4月为成熟期，睾丸直径为25~30毫米，重2.3~3.2克，能产生精子。

2. 附睾：长管状，紧贴于睾丸之上，有迂回盘曲的附睾管，长度35~40毫米，可分为头、体、尾3个部分。附睾头与曲细精管相连，位于睾丸的近后端，形状呈"U"字形，略粗于附睾体；附睾体细长，沿睾丸的后缘下行，至睾丸的远端转为附睾尾，附睾尾与输精管相能。附睾的功能是运输、浓缩和贮存精子，精子在附睾内最后发育成熟。

3. 输精管：输精管和附睾尾相连，其功能是把精子从附睾尾输送到尿道。貉输精管外径1~2毫米，管壁的肌肉层厚且坚实，呈索状。在附睾尾附近，输精管是弯曲的，到附睾头附近变直，并与血管、淋巴管和神经形成精索，然后通过腹股沟管进入腹腔。两条输精管在膀胱上方并列而行，在阴茎基部汇合，并在此开口于尿道。

4. 副性腺：主要是前列腺和尿道球腺。前列腺包围在尿道周围，较发达；尿道球腺是一对豌豆大的球形器官，位于会阴深横肌肉，开口于尿道，是尿道腺分化形成的。副性腺的功能主要是在射精时排出前列腺及尿道球腺分泌物。其中，尿道球腺分泌物的主要作用是清理和冲洗尿道，而前列腺分泌物主要是稀释精液和提高精子的活力。

5. 阴茎和包皮：阴茎是公貉的交配器官，呈圆棒状，长60~95毫米，粗10~12毫米。阴茎包括阴茎根、有茎体和龟头。阴茎根部连接坐骨海绵体肌，阴茎根向前延伸形成圆柱状的阴茎体。其游离末端即龟头。整个阴茎富含海绵组织。阴茎中有1根长60~85毫米的阴茎骨，中间有一沟槽，尖端带钩。包皮作为皮肤折转而形成的1个管状皮肤鞘，起容纳和保护龟头的作用。

（二）母貉的生殖系统

母貉的生殖系统由卵巢、输卵管、子宫、阴道和外生殖器官组成（图4-2）。

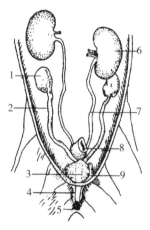

图4-2　母貉的生殖系统

1. 卵巢；2. 子宫角；3. 子宫体；4. 阴道；5. 阴门；

6. 肾；7. 输尿管；8. 直肠；9. 膀胱

1. 卵巢：母貉卵巢左右各一，分别紧挨着左右两肾脏，被脂肪囊包围固定。卵巢形状为扁圆球状，直径为4~5毫米，与玉米粒差不多大小，卵巢是产生卵细胞的器官，为母貉性交受孕提供物质基础。另外，卵巢还分泌雌性激素，促进其他生殖器官的发育，刺激乳腺发育，并使发情母貉产生性欲，接受交配，产生繁殖行为。

2. 输卵管：位于每一侧卵巢与子宫之间，很细且与输卵管系膜粘连在一起，盘曲在卵巢囊上，不易观察到。输卵管是输送卵细胞至子宫体，并往往成为精卵结合进行受精作用的场所。

3. 子宫：子宫由子宫角、子宫体和子宫颈组成。子宫角有两个，左右各一，分别连通着两条输卵管，其长 70～80 毫米，粗 3～5 毫米。子宫体只有一个，由子宫角汇合膨大形成，长 30～40 毫米，粗 15 毫米左右。而后向外为子宫颈，呈圆筒状，壁厚，黏膜形成许多皱褶，子宫颈比子宫体要细。子宫的功能是供胚胎着床发育，并将胎儿娩出。

4. 阴道：从子宫颈向外，即为阴道，阴道全长 10 厘米左右，直径为 1.5～1.7 厘米。阴道前端与子宫颈连接，并在连接处形成拱形结构，即阴道穹窿。外面与阴门相连，实际上阴道是沟通外生殖器与内生殖器的通道，它是母貉的交配器官，同时也是产道。

5. 外生殖器官：包括前庭、大阴唇、阴蒂和前庭腺，统称为阴门。阴门在非繁殖期陷于皮肤内，被阴毛覆盖，外观不明显。在发情时，则有肿胀、外翻等一系列形态变化。这种变化是进行母貉发情鉴定的重要依据。

二、貉的繁殖生理特点

（一）性成熟

笼养貉性成熟时间一般为 8～10 月龄，公貉较母貉稍提前，并依据营养水平、遗传因素等条件的不同，个体间有一定差异。也有极个别的貉 8～10 月龄时还不具备繁殖能力。

（二）性周期（发情周期）

性周期也称为发情周期，貉属于季节性单次发情繁殖的动物，一般每个繁殖期仅有一个发情周期，其生殖器官在不同季节具有明显的季节性变化规律。

1. 公貉的性周期：公貉睾丸一般从 9 月下旬（秋分）开始发育，但发育速度缓慢。从 12 月下旬（冬至）开始到 2 月初，生殖器官发育迅速，到 2 月中旬生殖器官发育完成。此时阴囊被毛稀疏，松弛下垂，上观明显，附睾中有成熟的精子，有性欲表现，并可进行交配。这时正值配种期开始，整个配种期持续 60~90 天。4 月下旬生殖器官开始萎缩，至 5 月恢复到静止期大小，仅有黄豆粒大，直径 5~10 毫米，质地坚硬，附睾中没有成熟的精子。阴囊于腹侧，布满被毛，外观不明显。幼龄公貉的性器官随机体的生长而不断发育，至性成熟后，其年周期变化与成年貉相同。

2. 母貉的性周期：母貉生殖器官的生长发育与公貉相似。大致从秋分（9 月下旬）开始发育，至翌年 1 月底 2 月初卵巢形成发育成熟的卵泡和卵子。笼养母貉发情时间为 2 日至 4 月上旬，持续 2 个月。发情旺期集中于 2 月下旬至 3 月上旬，其中，笼养母貉发情较早，旺期集中在 2 月中下旬；初产貉次之，旺期集中在 2 月下旬至 3 月上旬；笼养野生貉发情最晚，有个别可延迟到 4 月上旬。受孕后的母貉，随即进入妊娠期，未受孕母貉则又恢复到静止期。

母貉的发情周期大体可分为 4 个阶段，即发情前期、发情期（发情持续期）、发情后期和休情期。

（1）发情前期。即从母貉开始外生殖器官开始出现变化至有发情表现至接受交配的时间。持续时间因个体差异变化较大，一般是 15~21 天，主要集中在 7~12 天，个别为 4~25 天，个体间差异较大。此期因卵集中卵泡逐渐发育。卵泡素的分泌逐渐增加，而引起生殖道充血。可以分为 3 个阶段，每个阶段大概为 5~7 天。

第一个阶段：阴毛开始分开，阴门开始肿胀，黏膜为粉白色，有的可见充血，非经产母貉阴唇黏膜多为灰白色，阴蒂为粉红色，有的可见脉络充血，食欲减退，开始发出"咕咕"的叫声。

第二个阶段：母貉夜走不安，食欲减退，发出"咕咕""哼哼"的叫声，外阴部肿胀略呈倒置梨形，阴唇皮肤发绀，黏膜为粉白色或粉红色，阴蒂轻度潮红，有的阴唇突起，有的阴唇肿胀皱褶与阴门裂构成"T"字形或是"Y"字形，有的母貉阴道口存留少许淡黄色或乳白色黏液（图4-3）。

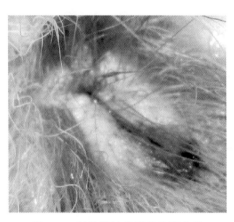

图4-3 母貉发情前期的外阴变化

第三阶段：母貉精神不安，往返急走，食欲大减，排尿次数增多，反复发出"咕咕""哼哼""嗷"的叫声，声调急切而柔和，外阴部肿胀明显，呈三角形或椭圆形，黏膜为粉红色，阴蒂潮红，阴门裂逢可见，阴唇突起的阴门裂缝相对大些，阴门的开口宽度由初配前7~8天的（0.35±0.10）厘米，增加到初配前1天的（0.79±0.10）厘米，挤压后可见有少量浅黄色阴道分泌物流出。放对试情时对公貉有好感，互相追逐，玩耍嬉戏，但拒绝公貉爬跨和交配。

（2）发情期（发情持续期）。即母貉开始接受交配到拒配的时期。一般为6~9天，但主要集中在1~4天。此期卵巢卵泡已发育成熟，卵泡素分泌旺盛，引起生殖道高度充血并刺激神经中枢产生性欲。母貉表现是：阴毛完全分开，外阴部肿胀，通常有两种典型形态，一种是"T"形肿胀，阴门开口呈"T"字形，在阴门附近稍加压力阴门外翻，指压两侧阴唇放手后外翻增大，有的外翻呈桃形，可见阴道内黏稠或凝乳样的分泌物；另一种是"O"形肿胀，此状态阴门不易外翻，但阴门边缘常有一扁韭菜叶宽的充血环，外阴部高度充血，阴唇光滑，富有弹性，阴门的肿胀程度不再增加，阴门流出大量黄色或乳白色阴道分泌物（图4-4），用手触摸其外阴部母貉不动，食欲减退，在笼中不停地急走，貉经常发出"嗷嗷""咕咕"的叫声，表现求偶的欲望，尿频，尿液变黄绿色，放对试情时母貉非常兴奋，主动接近公貉，当公貉欲爬跨时，母貉将尾歪向一侧，静候公貉交配。此期母貉阴门肿胀程度稍有下降（阴门开口宽度由初配前1天的（0.79±0.12）厘米，降到（0.74±0.08）~（0.66±0.16）厘米。但母貉的发情行为不尽相同，除表现有上述现象的显性发情外，还存在有隐性发情和半隐性发情，隐性发情指发情母貉从外观上看不出发情行为，已经发情的母貉还与平时一样，没有"闹圈"（活动频繁不安，趋向异性）的现象，其比例约占25%。半隐性发情是指在发情期间稍有"闹圈"的行为，但不激烈，只是有时走走，其比例也约占25%。对这些母貉要特别注意，进行放对试情，以防漏配。

（3）发情后期。指母貉外生殖器逐渐由肿胀至萎缩的一段时间。此期较短，仅2~3天，也有个别的较长。此期成熟的卵子已排出或萎缩，卵泡素分泌减少或停止，生殖道充血减退，阴门肿胀逐渐减退、收缩，阴毛合拢，黏膜干涩出现细小皱褶，分泌物较少，但浓黄，食欲增加，精神安定，一般不再有求偶声，

图4-4　母貉发情期的外阴变化

性欲减退，不让公貉接近、爬跨、拒绝公貉交配。

（4）休情期。也称静止期，指母貉发情后期结束至下一个发情期开始的较长一段时间，一般为8个月。此期表现是：母貉外阴部萎缩，性行为消失，恢复到发情前的状态（图4-5）。

图4-5　母貉休情期的外阴变化

图4-6　貉的交配

（三）交配

1. 交配行为：交配时一般公貉比较主动，接近母貉时往往伸长颈部，嗅闻母貉的外阴部。发情母貉则将尾部翘向一侧，静候公貉交配。此时公貉快速举起前足爬跨于母貉背上，后躯频频抖动，将阴茎伸于母貉阴道内。之后，后躯紧贴于母貉臀部，抖动加快，紧接前后臀部内陷，两前肢紧抱母貉腰部，静停约0.5~1分钟，尾根轻轻扇动，即为射精动作。射精后母貉翻转身体，与公貉腹面相对，昵留一段时间。此时公母貉一般相互逗吻、嬉戏，母貉发出"哼哼"的叫声。绝大多数貉的交配均可观察到上述行为。但有个别的看不到射精后公母貉的嬉戏行为。还有个别公母貉交配后出现类似狗交配后的长时间"连锁"现象，如图4-6。

2. 交配时间：貉的交配时间较短，交配前求偶的时间3~5分钟；交配射精时间0.5~1分钟；昵留时间5~8分钟。整个交配时间在10分钟以内者居多。

3. 交配能力（交配频度）：貉的交配能力主要取决于性欲强度，其次是两性性行为的配合。同一对公母貉连续交配的，天数以2~4天居多，而且母貉年龄较大的比年龄小的交配频度高。公貉在整个配种期内均有性欲，1天内一般可交配1~2次，每次交配最短间隔为3~4小时。性欲强的公貉整个配种期可交配5~8只母貉，总交配次数15~23次。一般公貉可交配3~4只母貉，总交配次数8~12次。

4. 择偶性：一般母貉进入性欲期，即达到发情高潮阶段后，公母均有求偶欲，互相间非常和谐，一般不发生咬斗现象。但个别公母貉对配偶有挑选行为。不和谐的配偶之间互不理睬，甚至发生咬斗，虽已到性欲期，但并不发生交配行为，更换配偶后，有时马上即可达成交配。这是择偶性强的表现，生产上一定要将这种貉与未发情貉区分开，以免造成失配。公母貉因惊吓或被对方咬伤后，会暂时或长时间出现性抑制现象。公貉丧失配种能力，表现为惧怕或乱咬母貉；母貉虽已发情，但惧怕公貉接近并拒绝交配。配种时公母貉之间性不和谐或性抑制容易导致母貉失配。

（四）妊娠

貉的妊娠期为 54~65 天，平均 60 天左右。母貉妊娠期后变得温驯平静，食欲增强。卵子受精后 25~30 天胚胎发育到鸽卵大小，可从腹外摸到。妊娠 40 天后可见母貉腹部下垂，脊背凹陷，腹部毛绒竖立成纵列，行动迟缓，临产前母貉拔掉乳房周围的被毛做窝，蜷缩在小室内不愿出来活动。

（五）产仔

母貉临产前多数食欲减退甚至拒食。产仔多于夜间或清晨在产仔箱内进行，也有个别的在笼网或运动场上产仔。分娩持续时间 4~8 小时，个别也有 1~3 天的。一般每 10~15 分钟产出 1 只仔貉。仔貉产出后母貉立即咬断脐带，吃掉胎衣和胎盘，并舐舐仔貉身体，直至产完才安心哺乳。个别的也有 2~3 天内分批娩出的。初生仔貉发出间歇的"吱吱"叫声。

貉是多胎动物，每胎平均产仔 8 只左右，最多可达 19 只。

（六）哺乳

一般母貉有 4~5 对乳头，对称分布在腹下两侧。母貉在产前自己拔掉乳房周围的毛绒，使乳头显露出来。母貉产仔后母性很强，一般安心哺育仔貉，很少走出小室。仔貉出生后 1~2 小时毛绒干后即可爬行并找到乳头吮乳。仔貉吃过初乳后便开始沉睡，至醒来后再吮乳，每间隔 6~8 小时吮乳 1 次，吃后仍进入睡眠状态。母貉非常爱护仔貉，除夜深人静时出室外吃食外，轻易不出小室活动。笼养繁殖的母貉产仔后，即使有人打开小室上盖，甚至用木棒驱赶，也不会丢弃仔貉而离开小室。但也有个别母貉，有遗弃、践踏甚至咬食仔貉的现象，这多半是产仔母貉高度惊恐的表现，因此，在产仔哺乳期应尽量避免惊扰产仔母貉。

哺乳期母貉与仔貉的关系十分亲密，但随日龄的增加有很大变化。为便于仔貉吮乳，仔貉1月龄前母貉哺乳时多采用躺卧姿势，1月龄之后以站立姿势哺乳。初生仔貉吮乳时，母貉逐个舔舐仔貉肛门，吃掉仔貉的排泄物。仔貉不能自行采食之前，排泄在小室内的粪便也由母貉吃掉，或将其叼至室外。使小室经常保持干净。仔貉刚会采食时，母貉从笼中将食物叼到小室中喂给仔貉吃，直至仔貉能自行采食为止。至此，母貉不再为仔貉舔舐肛门和清理粪便。一般母貉泌乳能力强的，仔貉生长发育也很迅速。仔貉一般15~20日龄长出牙齿可采食饲料，45~60日龄后，母貉开始对仔貉表现淡漠，母貉泌乳量明显少，乳腺逐渐萎缩，不再给仔貉哺乳，这时仔貉也可以自行采食和独立生活，即可断奶分窝。5~6月龄即可长到成貉大小。

三、貉的繁殖技术

（一）配种技术

1. 配种期：笼养貉的配种期是和母貉的发情时期相吻合的。东北地区一般为2月初至4月下旬，个别的从1月下旬开始。不同地区的配种时间稍有不同，一般低纬度地区略早些。经产貉配种早，进度快；初产貉次之。

2. 发情鉴定：公貉发情从群体上看比母貉早些，也比较集中，从1月末至3月末均有配种能力。公貉发情时，睾丸膨大、下垂，具有弹性，如鸽卵大小。公貉活泼好动，有时翘起一后肢斜着往笼网壁上排尿，也有时往食盆或盆架上排尿，经常发出"咕咕"的求偶声。此外，通过触摸检查公貉睾丸也可判定公貉有无交配能力。睾丸膨大，质地松软且富有弹性，确已下降至阴囊中，表明已具有交配能力；睾丸太小，质地坚硬无弹性，或没有下降到阴囊中（即隐睾），一般没有配种能力。

　　母貉发情一般略迟于公貉，多数是 2 月下旬至 3 月上旬，个别也有到 4 月末的。对母貉的发情鉴定一般采用 4 种方法：行为观察法、外生殖器官检查法、阴道分泌物涂片镜检法及放对试情法。

　　（1）行为观察法。母貉一旦进入发情前期，即表现出不安，往返运动加强，食欲减退，尿频。发情旺期时，精神极度兴奋，食欲进一步减退，直至废绝，不断发出急促的求偶叫声。至发情后期，行为逐渐恢复正常。

　　（2）外生殖器官检查法。主要根据外生殖器官的形态、颜色及分泌物的多少来判断母貉的发情程度。根据前述母貉发情时期外生殖器官的变化情况，凡阴门开始显露和逐渐肿胀、外翻，颜色渐红，肿胀而有弹性，湿润。阴道黏液稀薄而清，小便次数增多，尿液由清变黄，公貉爬跨母貉拒绝交配，为开始发情阶段（即发情前期）的表现；阴门高度肿胀、外翻，紫红色，呈"十"字或"Y"字形状，阴蒂暴露，分泌物多且黏稠，呈灰白色或黄绿色，尿液由黄变黄绿色迅速加深。活动频繁，不时发出"咕咕"求偶叫声。将母貉放入公貉笼中试情检查，当公貉爬跨时，母貉后肢站立，翘尾，温驯地静候公貉交配，此为发情旺期（即性欲期）的表现。而阴门收缩，肿胀消退，分泌物减少，黏膜干涩则为发情结束（即发情后期）的表现。发情旺期是交配的适期。极个别的母貉外生殖器官没有上述典型变化，但确已发情且能与公貉达成交配并受孕，这种现象被称为隐性发情或隐蔽发情。生产上应注意观察并与未发情貉区分开，以免失配。

（3）阴道分泌物涂片镜检法。因此，在发情周期中，随体内生殖激素水平的规律性变化，阴道分泌物中脱落的各种上皮细胞的数量和形态也呈规律性的变化。角化鳞状上皮细胞呈多角形，有核或无核，边缘卷曲不规则，貉阴道分泌物中出现大量角化鳞状上皮细胞是母貉进入发情期的重要标志，通过显微镜测阴道分泌物中角化鳞状上皮细胞的数量比例，结合外阴部检查等发情鉴定方法，可提高母貉发情鉴定的准确性，特别是对鉴定隐性发情有重要意义。

多型核白细胞发情前期分布均匀。发情期数量明显减少，拒配后明显上升。角化圆形上皮细胞，形态为圆形或近似圆形，绝大多数有核，胞质染色均匀透明，边缘规则，发情期和妊娠期均可见到，数量一般没有明显变化，见图4-7至图4-9。

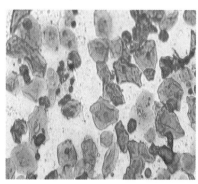

图4-7　母貉发情前期的阴道涂片　　图4-8　母貉发情期的阴道涂片

阴道分泌物涂片的制作与检查是用经消毒的吸管，插入阴道8~10厘米，吸取阴道分泌物，往清洁的载玻片上滴1滴，涂成

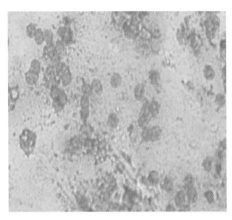

图 4-9　母貉休情期的阴道涂片

薄层，阴干后于 200~400 倍显微镜下观察。可用血细胞计数器计数，以计算各种细胞的数量比例。

（4）放对试情法。当用以上发情鉴定方法还不能确定母貉是否发情时，可进行放对试情。处于发情前期的母貉，有趋向异性的表现，但拒绝公貉爬跨交配；发情期的母貉，性欲旺盛，公貉爬跨时，母貉后肢站立，翘尾，温驯地静候交配；发情后期的母貉，性欲急剧减退，对公貉不理睬或怀有"恶意"，很难达成交配。故放对试情能顺利达到交配的，说明母貉发情良好。

以上 4 种发情鉴定方法应结合进行，灵活掌握。一般以性行为观察为辅，以外生殖器官检查为主，以放对试情的行为观察为准。阴道分泌物涂片镜检法较科学准确，可在对外生殖器官表现不明显或隐性发情母貉的发情鉴定时应用。

3. 放对配种：

（1）放对时间。貉的配种一般在白天进行。特别是早晚（尤其是早晨和上午）气候凉爽的时候，公貉的精力较充沛，性欲旺盛，母貉发情行为表现也较明显，容易促成交配。具体时间为早晨 6:00~8:00 或上午 8:30~10:00，下午 4:30~5:30。配种后期气温转暖，放对时间只能在早晨。

（2）放对方法。貉的配种均采取人工放对、观察配种的方法。放对时一般是将母貉放入公貉笼内，因为公貉在其熟悉的环境中性欲不受抑制，交配主动，可缩短交配时间，提高放对配种效率。但遇公貉性情急躁暴烈或母貉胆怯的情况时，也可将公貉放入母貉笼内。

放对分试情性放对和交配性放对。试情性放对如前所述主要是通过试情来证明母貉的发情程度。故当发情未到盛期时，放对时间不宜过长，一般 10~15 分钟即可，以免公母貉之间因达不成交配而产生惊恐和敌意。交配性放对是在确认母貉已进入发情盛期的情况下，力争达成交配。所以，只要公母貉比较和谐，就应坚持，直至顺利完成交配。

（3）配种方式。因为貉是季节性单次发情的动物，自发性陆续排卵，所以其配种只能采取连日复配的方式。即初配 1 次以后，还要连续每天复配 1 次，直至交配 3 次为止，这样可提高产仔率。有时貉在上一次交配后，间隔 1~2 天才接受再次复配。为了确保貉的复配，对那些择偶性强的母貉，可更换公貉进行双重交配或多重交配（即用 1 只母貉与 2 只公貉或 2 只以上公貉交配），以复配 3 次为最好。

（4）精液品质检查。精液品质检查是判定精液品质好坏、确定精液稀释倍数和输精量的科学方法，是确保受精质量的有力手段，可避免因精子质量不好而造成母貉不孕。检查精液品质应在 18~20℃ 的室内，温度过低会影响精子的活力，还可能对精子活动发生错误判定。精液品质检查一般包括外观及密度活力检验。

①外观检验。精液量为 0.5~1 毫升，正常精液呈乳白色，不透明，有特殊的腥味。

②形态检验（图4-10）。吸取精液1滴，放在载玻片上，用盖玻片自然盖好，不要按压，以四边无溢出为宜。如有溢出则取出的精液多了；如精液加盖片后，没有流到盖玻片边缘则吸取的精液少了。涂好片后，用400倍显微镜观察，首先确定有无精子，然后观察精子的形态、活力及密度等。精子数量较多、运动活跃、呈直线运动、头尾分明、大小均匀、状如蝌蚪为正常精子；如缺头断尾、双头、双尾等为不正常，属畸形精子。

图4-10　貉精子镜检

③密度检验。精液密度测定可用精子密度测定仪或显微镜，精子密度以每毫升不低于3亿个为宜。

④活力检验。精子活力的评定在显微镜下靠目力估测，一般采用10级评分标准评定。选择5个视野计数示其平均值，有效精子占总视野的100%则精子活力评为1，90%评为0.9，以此类推。

如镜检时无精子或精子很少，活力很弱，需要换公貉重配。对经多次检查确无精子或精液品质不良的公貉，应停止使用。

（5）种公貉的训练与利用。由于公貉具有多偶性，一般1只公貉可配3~4只母貉，这就决定了种公貉在配种中的作用。提高种公貉的配种能力，是完成配种工作的重要保证。

①早期配种训练。种公貉尤其是年幼的公貉，第一次交配比较困难，一旦交配成功，就能顺利交配其他母貉。因此，对种公貉特别是对年幼种公貉进行配种训练是十分必要的。训练年幼公貉参加配种，必须选择发情好、性情温驯的母貉与其交配，发情不好或没有把握的母貉不能用来训练小公貉。训练过程中，要注意保护公貉，严禁粗暴地恐吓和扑打公貉，注意不要使公貉受到咬伤，不然种公貉一旦丧失性要求，很难正常配种。

②种公貉的合理利用。为了保证种公貉在整个配种期都保持旺盛的性欲，应做到有计划地合理使用。配种前期和中期，每天每只种公貉可接受1~2次试情放对和1~2次配种性放对，每天可成功交配1~2次。一般公貉连续5~7天每天达成1次交配后，必须休息1~2天才能再放对。配种后期发情母貉日渐减少，公貉的利用次数也减少，应挑选那些性欲旺盛、没有恶癖的种公貉完成晚期发情母貉的配种工作。配种后期一般公貉性欲减退，性情也变得粗暴，有的甚至咬母貉或择偶性变强。对这样的公貉可少搭配母貉，以便维持旺盛的配种能力，在关键时用它解决那些难配的母貉。

③提高公貉交配效率。主要通过掌握每只公貉的配种特点，合理制定放对计划。性欲旺盛和性情急躁的公貉应优先放对。每天放给公貉的第一只母貉要尽量合适，力争顺利达成交配，这样做有利于公貉再次与母貉交配。公貉的性欲与气温有很大关系，气温增高会使性欲下降。因此，在配种期应将公貉养在棚舍的阴面，放对时间尽量安排在早晚或凉爽的天气。公貉性欲旺盛时，可抓紧时间争取多配。人声嘈杂和噪声刺激等不良环境因素，也可使公母貉性行为受到抑制。因此，配种期要尽量保持安静，饲

养人员观察时，也尽量不要太靠近放对笼舍，以免惊扰公母貉交配。

（6）配种时应注意的事项。

①确认母貉是否真正受配。要求饲养人员要认真观察公母貉交配动作和行为，尤其要注意公貉有无射精动作，以辨真假，必要时可用显微镜检查母貉阴道内有无精子，加以验证。

②防止公貉或母貉被咬伤。貉放对时，人员不要离开现场，注意观察，一旦发现公母貉有敌对行为，应及时将其分开。

③必要时采取辅助交配措施。个别母貉虽然发情正常，但交配时后肢不能站立或不抬尾，引起难配，此时需人工辅助才能达成交配。辅助交配时要选用性欲强且胆大温驯（最好经一定的训练）的公貉。对交配时不站立的母貉，可将其头部抓住，臀部朝向公貉，待公貉爬跨并有抽动的插入动作时，用另一只手托起母貉腹部，调整母貉臀部位置。只要顺应公貉的交配动作，一般都能达成交配。

对于不抬尾的母貉，可用细绳拴住尾尖，固定在其背部，使阴门暴露，再放对交配。最好将绳隐藏在毛绒里，以免引起公貉反感。交配后要及时将绳解下。

（二）提高繁殖力的综合技术措施

1. 影响貉繁殖力的因素：影响笼养貉繁殖力的因素主要有母貉的年龄、驯化程度、营养水平、受配次数、分娩时间及胎产仔数等。一般1~3岁母貉胎产仔数随年龄的增长而提高，3~5岁母貉胎产仔数随年龄增长而减少，而仔貉成活率一般随母貉年龄增长而提高。驯化程度高、营养状况好的母貉胎产仔数较多，仔貉成活率较高。母貉的受配次数以3次（持续3天）为宜。在正常分娩时间内，有分娩越晚仔貉成活率越高的趋势，而随胎产仔数的增加，仔貉的成活率有明显下降的趋势，说明母貉有限的泌乳能力在正常情况下只能满足一定数量仔貉生存的需要。另外，仔貉数量多时互相争食、挤压，也是导致成活率降低的原因之一。因此，对于产仔数多的母貉，一定要将其部分仔貉给产仔数少的母貉代养，以提高仔貉成活率。

2. 提高貉繁殖力的综合技术：

（1）选留优良种貉，控制貉群年龄结构，保证稳产高产。生产实践证明，2~4 岁母貉的繁殖力最高，因此，在种貉群年龄组成上，应以经产适龄老貉为主，每年补充的繁殖幼貉不宜超过 50%，种貉的利用年限一般为 4~5 年。

（2）准确掌握母貉发情期（性欲期），适时配种。这是提高繁殖力的关键。

（3）适当复配保证复配次数，可以降低空怀率，提高产仔数。

（4）平衡营养，保持种貉良好的体况。为准确鉴定种貉体况，最科学的方法是利用体重指数比较法。体重指数即体重（克）与体长（厘米）的比值。较理想的繁殖体况是 1 厘米体长的体重为 100~115 克（北方寒冷地区略高些，温暖地区应偏低些）。

（5）合理、科学地使用饲料添加剂。这是发挥貉繁殖潜力的有效措施。

（6）合理利用种公貉。即掌握公貉适当的交配频度，保证营养，中午要补饲，使其在较短的时间内恢复体力；注意检查精液品质。

（7）加强种貉驯化。从幼貉育成期开始，尤其是在准备配种期进行驯化效果最好。

（8）加强日常饲养管理。按饲养管理的基本要求，加强日常的饲养管理工作，这是提高貉繁殖力的基础和保障。

3. 生殖激素调控发情：

（1）促性腺激素释放激素（GnRH）。它的主要作用是引起垂体释放促卵泡素（FSH）和促黄体素（LH），对 LH 的刺激作用为主。所以，它同时具有 FSH 和 LH 两者的生物学作用。

国内合成 GnRH 类似物主要有 LRH-A$_2$（促排 2 号）、LRH-A$_3$（促排 3 号）等。研究证实 LRH-A$_3$ 有利于改善受精环境和提高胚胎质量，故注射 LRH-A$_3$ 可提高排卵数和可用胚数，具有较大的实用性。

（2）促性腺激素。促性腺激素作用于性腺器官，可促进卵泡的生长发育、成熟、排卵、黄体形成及分泌相应的性腺激素，从而诱导动物发情。

①促卵泡素（FSH）。FSH 又称卵泡刺激素，当卵泡生长至出现腔体时，FSH 能刺激它继续发育增大至接近成熟和排卵，同时也可促进公畜生精上皮细胞的发育和精子的形成。

②促黄体素（LH）。其作用可促进卵泡成熟、排卵及雌激素分泌，促进黄体生成并分泌孕酮。一般用 FSH 治疗多卵泡发育，卵泡发育停滞，持久黄体；用 LH 治疗卵巢囊肿，排卵迟缓，黄体发育不全；用两种激素治疗卵巢。

③孕马血清促性腺激素（PMSG）。PMSG 具有类似 FSH 和 LH 的双重活性，但以 FSH 的作用为主，故在促进卵泡发育的同时也有一定的促排卵的功能，其作用可用于诱导发情，用物治疗母畜卵巢发育不全，卵巢机能衰退，公畜性欲不强，生精能力衰退等症，在胚胎移植时，用于超数排卵和应用于母畜的同期发情。一次注射即可，操作方便，且成本低。虽然 PMSG 诱导排卵的效果不如 FSH，但对动物的诱导发情来说却经济、实用、有效。

④人绒毛膜促性腺激素（HCG）。与 LH 的生理功能相似，对母畜具有促卵泡成熟、排卵和形成黄体并分泌孕酮的作用，对公畜具有促进睾丸分泌睾丸酮，促进生精机能、生殖器官发育。临床上用于促进排卵，还可配合其他激素用于治疗不发情、卵巢发育不全、卵巢萎缩、卵巢硬化及安静发情等症。

（3）孕激素（P_4）。P_4又称黄体酮、助孕素，主要来源于卵巢的黄体细胞，可以控制促性腺激素的分泌，促进生殖道的充分发育。少量P_4可协同E_2促进发情，大剂量可反馈作用抑制发情。

（4）雌激素（E_2）。促进性机能活动，诱导母畜发情。目前，人工合成E_2的种类很多，在实际生产中经常应用己烯雌酚和雌二醇（E_2）来治疗母畜乏情。

（5）前列腺素（PG）。PG可用于溶解黄体并可促进排卵，还能促进LH及FSH的释放。近些年，应用比较多的是氯前列烯醇，它对畜体无副作用，且操作简单、成本低、见效快、效果好。

（三）貉人工授精技术

1. 人工授精的经济效益：

（1）提高种公貉的利用率。一般情况下，自然交配每只种公貉在一个繁殖期可有8~32次的交配行为，如果按复配1~2次计算，每只种公貉可完成与4~12只母貉交配；而采用人工输精技术，一只优良种公貉的精液可输给30~80只母貉，最多可输给100只母貉。

（2）加快貉群的改良进度。人工输精技术增加优秀种公貉的配母貉数，加快了扩增优良品种貉数量的进度。

（3）降低饲养成本。由于减少了种公貉的留种数，节省了饲料费和笼舍建设费用的支出，减轻了饲养、管理人员的劳动强度，从而降低了饲养成本，增加了养殖场的经济收益。

（4）解决自然交配中的一些难题。自然交配中，常因公、母貉的体型相差较大，生殖器官结构异常、机体损伤、择偶性强等而出现交配困难。

（5）控制生殖道疾病传播。貉的发情配种期也是貉通过交配行为传播疾病的高发期，人工授精人为阻断了公母貉聚集的机会，减少了性传染病的传播途径。

（6）方便运输。养貉生产和新品种培育过程中，常通过引种进行品种改良、导入外血和更新血缘。携带和运输低温或冷冻保存的精液，要比运送种貉简单、方便。

2. 人工授精器械及材料：

（1）器械及材料。

①采精保定架。采精架平台宽长 60 厘米、40 厘米、高 55 厘米，架内固定板长 30 厘米，宽 15 厘米，高 20 厘米。前端上方固定横板，分为左右两扇，右侧扇固定，左侧扇可张开又合并，中间有一圆孔，直径 8 厘米，用以卡住貉颈部。

②集精管。玻璃集精管，长 12 厘米，直径上宽 2.5 厘米，下宽 0.5 厘米。

③输精器。貉用注射式输精器规格，输精器长 240 毫米，粗 2 毫米。

④开腔器（阴道套管）。长 120 毫米，粗 8 毫米。

⑤稀释液配方。主要成分有蔗糖 11 克，甘油 6 毫升，卵黄 16 毫升，蒸馏水 100 毫升，青霉素 5 万单位。

（2）器械消毒。用于人工授精的器材必须灭菌后使用。玻璃器皿最好是干热灭菌，即将洗刷干净的玻璃器材用纸包好或装入灭菌容器中（如铝饭盒）放入电热干燥箱内，140℃干热 30 分钟，灭菌后待箱体温度降到常温后开箱取出备用。

金属制品（输精针）、耐高温的塑料制品如阴道扩张器、胶盖宜用湿热灭菌，即将已包好的上述物品放入高压灭菌器中，高压消毒 30 分钟即可，不宜高压的物品，根据情况采取特殊消毒方式，如煮沸、药液浸泡、流动蒸气消毒等方法。

（3）授精员准备。采精及授精人员要把指甲剪短、磨平，用肥皂水将手洗净，最后用 42~45℃的清水冲洗干净，带上一次性手套，穿上工作服。

3. 貉精液采集：

（1）按摩法采精。

①保定。将公貉置保定架上，助手一手用颈钳保定公貉头部，另一手握住尾部，使公貉呈站立姿势。

②清洗。采精员用温湿毛巾将公貉胯下及臀部至后腿上部被毛擦湿，然后用浸有 0.2% 百毒杀的毛巾对睾丸及其周围进行消毒。再用温开水或 0.1% 洁尔阴对公貉外生殖器开口处和阴部被毛、皮肤进行清洗，最后用灭菌纱布擦干。

③按摩。采精者用右手拇指、食指和中指握住公貉阴茎球上方，上下轻轻滑动，将勃起的阴茎从两后腿中间拉向后方，将包皮撸至球状海绵体后方继续按摩，直至公貉射精为止。按摩频率、力度应适宜。

④精液收集。左手握住集精杯底部随时准备接取精液。公貉射精时，首先射出的是副性腺分泌物，不宜收取，待射出乳白色精液后及时用集精杯接取。公貉射精过程中仍需对其按摩刺激。整个按摩采精时间需 3~5 分钟。

⑤采精频次。种公兽采精要隔日或隔 2 日采 1 次，连续采精种公兽的精子量下降，精子畸形率偏高，公兽阴茎容易受伤，易患包皮炎。切忌按摩不可用力过大或粗暴对待公兽。按摩采不出精液可尝试利用电刺激采精器进行精液采集。

（2）精液品质检查。采集的精液应进行品质检查，用于人工授精的精子活力不低于 0.7，畸形精子不高于 10%。

（3）精液的稀释与存放。

①稀释液的准备。精液稀释液使用前进行保存精子活力检查。稀释后检测精子活力不低于 0.6，过 2~3 小时后无明显变化，则稀释液质量合格，稀释液用前放入 35~37℃ 水浴锅备用。

②精液稀释。所用器具都应经过消毒、干燥处理，用前再用少量稀释液冲洗一遍。稀释液移至试管中，置于 35~37℃ 水浴锅

中。稀释时选按稀释倍数准确量取所需稀释液，再将稀释液沿集精杯壁缓慢加入到精液中，轻轻摇匀。稀释倍数根据原精子活力和密度确定，稀释后有效精子每毫升不低于 7 000 万个。

③精液存放。实践证明，存放精液的恒温箱或水浴锅的温度以 28~32℃ 为宜。从采精到输入母兽体内不应超过 2~3 小时，最好是现采现输比较好，成功率高。异味和有害气体如酒精、汽油、乙醚、农药、煤烟或纸烟等诸多气体对精子都有不良影响，所以人工授精室内禁止吸烟和放有挥发性气体。

4. 貉人工授精：

（1）输精时期。阴门肿胀面开始消退变软，出现轻微褶皱，并有灰白色或黄绿色乳状分泌物，用棉签或吸管吸取阴道分泌物制成涂片，在 200~400 倍显微镜下观察，角化细胞占满视野，圆形细胞缺少，此期是适宜输精期。

（2）保定。母貉人工输精保定方法有两种：一种是把母貉放在输精台上，将母貉的脖颈卡在输精台夹板上，待输精；另一种是在距地面 1.8 米的墙壁上钉上一条长 25~30 厘米的三角铁，角铁的外头打眼安 1 个吊环（吊式输精），用抓貉钳将母貉夹住后，貉钳上的挂钩挂在三角铁上的吊环上，助手一手抓尾巴，另一手抓两条后腿，两条前腿悬空，待输精。实践证明，吊式输精方便、快捷。

（3）消毒。用浸有 0.1%~0.2% 新洁尔灭消毒液的湿毛巾对外阴及其周边部位消毒，再用灭菌蒸馏水浸泡的棉球擦洗，以减少消毒液对外阴的刺激。

（4）精液吸取。用注射器缓慢吸取精液 1 毫升，再吸入少许空气。

（5）输精方法。输精员将开膣器插入母貉阴道内，其前端抵达子宫颈；左手虎口部托于母貉下腹部，以拇指、中指和食指摸到阴道导管前端固定子宫颈位置，右手握输精器末端顺阴道导管内腔插入，前端抵了宫颈处调整输精的位置探寻子宫颈口，如图 4-11、图 4-12。

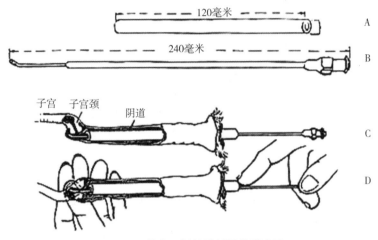

图 4-11　貉人工授精器械及使用方法

A. 开腔器；B. 输精器；C、D. 输精示意

　　双手配合将输精器前端轻轻插入子宫内 2~3 厘米，固定不动。由助手将吸有精液的注射器插接于输精器上，推动注射器将精液缓慢注入子宫内。熟练者可事先将吸有精液的注射器插在输精器上，由输精员直接将精液输入，注射完后取下注射器，抽 0.3~0.5 毫升的空气再通过输精针注入，用空气将输精针内残存的精液顶进子宫内。同时固定人员将貉尾部向上提起，使头朝下。

　　输精后轻轻拉出输精器。为防止精液在宫颈口外流，在注射精液的过程中，左手要捏住子宫颈，输精针、扩张管抽出母兽体内后，子宫体恢复自然状态，再松开子宫颈，输精完毕。精液如果逆流严重，应立即补输。

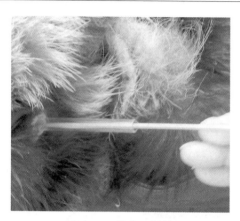

图 4-12　貉人工授精

　　提示：在操作过程中，会遇到输精枪无法与子宫颈相碰，这是因为几个原因：生殖畸形；在扩张管进入阴道的同时把阴道折叠针头碰到的是阴道壁，不是子宫颈；针头抵达子宫颈的壶腹部，此时就要把针向后撤 1~2 毫米可完成操作。

　　（6）输精次数。一个发情期给母貉输精 2~3 次，每天输精 1 次。

　　5. 人工授精应注意的事项：

　　（1）选择优良种貉。如采用劣质公貉的精液，会导致貉群质量快速退化。

　　（2）采精、输精用具要严格灭菌。人工授精用具要严格按操作程序消毒灭菌，否则会导致疾病在养殖场迅速蔓延。

　　（3）准确把握输精时间。貉是季节性单次发情，自发性排卵动物，一年只有一个发情期。虽然精子、卵子都能在母貉生殖道内存活一段时间，但输精时间的不当会导致生产的失败。

　　（4）采精、输精的方法要熟练、快捷。操作人员要经过技术培训，避免生硬、长时间的操作，对公、母貉生殖系统造成损伤。

（5）精液稀释液的质量要保证。配制精液稀释液要严格按配方操作，保存在密闭灭菌的容器内并在有效期内使用。禁止使用污染、过期的稀释液。

（6）精液要输入子宫。貉是子宫内射精动物，将精液输送到阴道内影响其受胎率。

四、貉的育种

（一）育种的目的及方向

市场和人们的需求就是我们育种工作的目的和方向。培育出在体型、毛皮品质和色泽上适应人们需求的新品种或新类型。

貉皮属大毛细皮类，其特点是张幅较大，毛长、绒厚、耐磨、保温，色型变化少，背腹毛差异大等。貉的育种，须从某一个或某几个性状上进行选择和改良。首先要分清主次，针对市场的需求，选择几个重要的经济性状，同时要明确每一性状的选育方向。

（1）被毛长度。貉的被毛较长，其背部针毛可达 11 厘米，绒毛可达 8 厘米。毛长会使毛皮的被毛不挺立、不灵活、易粘连。因此，貉被毛长度这一性状应向短毛方向选育。

（2）被毛密度。被毛的密度与毛皮的保温性和美观程度密切相关。被毛过稀则保温性差，毛绒不挺，欠美观。貉被毛密度与水貂和狐相似。因此，在育种上不是迫切考虑性状，但亦应巩固其遗传。

（3）被毛颜色或色型。貉的标准色型毛色个体间差异较大，由青灰渐变至棕黄。目前，人们对貉皮毛色的要求，颜色越深越好，直至接近青灰色。因此，毛色这一性状，标准色型貉应朝这个方向选育。

（4）背腹毛差异。貉尤其是产于东北地区的貉，背腹毛长度、密度和颜色差异较大，直接影响到毛皮的有效利用。此差异与其体矮、四肢短有关。因此，可通过选择体高这一性状，来缩小背腹毛的差异。

（5）体型与体重。貉的正常体重为 5~10 千克，最高有 19 千克的记录。体型大则皮张大，育种应向体型松弛、体重大的方向培育。

（二）貉的繁育方式

正确的繁育方式是达到育种目标的基本保证。为了全面而有效地开展貉的育种工作，必须建立相应的繁育体系，采用有效的繁育方法，搞好有计划的貉群调整工作。

1. 繁育体系：根据我国养貉业生产的现状和发展趋势、育种工作的性质和任务，应尽快建立由育种貉场、繁殖貉场和商品貉场组成的繁育体系。

（1）育种貉场。育种貉场的主要任务是负责对引进的种貉进行选育提高；负责新品种和品系的培育、改良工作；开展杂交组合试验等。育种貉场要求具有较高的技术水平和管理水平，一般在貉育种工作搞得较好，技术力量较强，基本设备较全的地区或单位可逐步建成育种貉场。

（2）繁殖貉场。繁殖貉场的主要任务是从育种貉场引进种貉扩大繁殖，供应各养貉单位或养貉户。在繁殖貉场，应采取纯种繁育的方法繁殖纯种貉。繁殖貉场一般可建在饲养貉比较集中的县、市，规模可超过育种貉场，而且可选购数个品系进行饲养。这类貉场除出售种貉外，尚可出售一部分商品貉。但饲养管理和经营方式必须符合种貉场的要求。也可根据貉群情况，建立起本场的繁育体系（核心群、生产群和淘汰群等）。

（3）商品貉场。商品貉场的任务是以最低的成本，生产出品质好、数量多的商品貉。根据貉生产的特点，应采用自养形式，大量繁育商品貉，不能随意杂交，以免毛色混杂，性状分离，降低产品质量。一般养貉场或养貉户经营的多为商品貉，规模可根据各自的饲养条件而定。引进的良种貉除一部分进行纯繁留种外，绝大部分均作商品貉销售。

2. 繁育方法：貉的繁育方法，根据育种目的的不同，大致可分为纯种繁育、品系繁育和杂交繁育3种。

（1）纯种繁育。纯种繁育简称为纯繁，就是指同一品种或品系内的公母貉进行配种繁殖与选育，目的在于保留和提高与亲本相似的优良性状，淘汰、减少不良性状的基因频率。

在引入品种的选育中，应采取以下措施。

①集中饲养。凡从国内其他地区引进的种貉，首先应集中饲养，以利风土驯化和开展选育工作。同时要严格执行选种选配制度，控制近交系数的过快增长。

②慎重过渡。对引入品种的饲养管理，应采取慎重过渡的办法，使之逐步适应新环境。同时还应逐渐加强适应性锻炼，提高其耐粗饲、耐热和抗病能力。

③逐步推广。引入品种经过一段时间的风土驯化之后，就可逐渐推广到商品貉场或专业养貉户饲养。育种貉场、繁殖貉场应做好推广良种的技术指导工作。

（2）品系繁育。品系繁育的方法，目前常用的主要有系祖建系、近交建系和表型建系3种。

①系祖建系。在貉群中选出特别优良的种公貉，然后选择没有亲缘关系，具有共同特点的优良母貉10～15只与之配种，在后代中继续通过选种选配，进一步巩固和发展系祖的优良性能，迅速扩大优良貉群，使之获得具有与系祖相同优点的大量

后代。

②近交建系。就是利用高度近交，使优良性状的基因迅速纯合，以达到建系的目的。建立近交系，基础母貉数越多越好，因近交中需大量淘汰，如基础群数量不足，就可能半途而废。近交建系的优点是时间短，效果显著。缺点是可能使有害隐性基因纯合，引起生活力下降。

③表型建系。就是根据生产性能、体质外形、血统来源等，选出基础群，然后闭锁繁育，经几代严格选育就可培育出一个新品系。这种方法简单易行，如果是养貉专业户，一家就可承担建系育种任务，而且环境条件一致，选育效果更好。

（3）杂交繁育。目前，生产中常用的杂交方式主要有经济杂交、导入杂交、级进杂交和育成杂交等。

①经济杂交。又称简单杂交。采用两个或三个品种或品系的公母貉交配，目的是利用杂种优势，即后代的生产性能和繁殖能力等都可能不同程度地高于双亲的均值，提高生产貉群的经济效益。在貉生产中，采用这种杂交方式时，应认真考虑杂交亲本的选择。杂交亲本必须是纯合个体。另外，要根据毛色遗传规律，掌握毛色的显性基因对隐性基因的作用关系，切忌无目的和不按毛色遗传规律进行杂交。

②导入杂交。又称冲血杂交。这种杂交方法的目的是，当一个品种基本符合市场经济的需要，但也存在个别缺点需要改良，如采用本品种选育则需时间很长，导入外血后则能很快达到改良的目的，使原品种更趋完善。导入外血一般不超过 $1/8 \sim 1/4$，如导入外血过高，则不利于保持原品种的优良特性（导入杂交示意图如图4-13）。实践证明，如果原品种与导入品种的主要性状差异不大，则回交一代后就可自群繁育，横交固定；如差异较大，进行二代回交后即可横交固定。

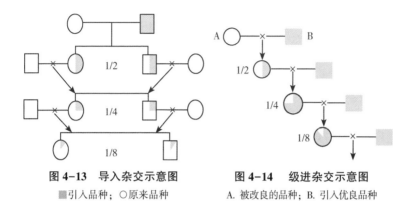

图 4-13　导入杂交示意图　　　　图 4-14　　级进杂交示意图

■引入品种；○原来品种　　　　A. 被改良的品种；B. 引入优良品种

③级进杂交。又称改造杂交。参加杂交的两个品种可分为改良品种与被改良品种，目的是改良与提高当前不能满足于社会经济要求的一些特性。方法是连续用改良品种的公貉与被改良品种的母貉杂交 3~4 代，直至杂种后代与改良品种的生产性能基本相符，即可进行自群繁育，横交固定，巩固和稳定其遗传性能（级进杂交示意图如图 4-14）。如果级进代数过少，过早横交自繁，则效果不好；但级进代数过高，适应性能往往降低。所以，必须及时分析杂交效果，不失时机地将理想类型进行横交自繁。

④育成杂交。主要用于培育新品种或品系。根据杂交过程中使用的品种数量，又可分为简单育成杂交和复杂育成杂交：通过两个品种杂交以培育新品种的方法，称为简单育成杂交；通过 3 个以上品种杂交培育新品种的方法，称为复杂育成杂交。育成杂交的步骤，一般可分为杂交创新、横交固定、扩群提高 3 个阶段。运用多品种杂交时，应很好地确定杂交用的父本与母本，并严格选择，创造适宜的饲养管理条件。

3. 貉群调整：随着我国养貉业的兴起，各地均已新建了一些种貉场。一个新建貉场，要想有计划、有目的地开展选育工作，就应制订种貉的鉴定标准，根据品质好坏将貉群分为核心群、生产群和淘汰群。

（1）核心群。是由整个貉群中个体品质最好、遗传性能优良的种貉组成的。有了核心貉群，选育工作就有了保障，以后的后备种貉大多数均由核心群提供。建立育种核心群必须在人工选择的基础上，由综合鉴定最理想的一级种貉组成，育种核心群建立以后，还要不断加强纯种选育工作，同时要严格淘汰不理想后代，这样才能使核心群的质量得到不断提高，最终成为全场质量最高的一群种貉。核心群中被淘汰的种貉，一般都比生产貉群质量稍高，所以仍可作为生产群种貉，以便改良或换血缘。一个规模为500只繁殖母貉的种貉场，核心群应保持繁殖母貉50只，种公貉13~15只。

（2）生产群。经鉴定，凡符合种用要求的均可列入生产群。生产群的数量很大，繁殖的后代大部分提供给繁殖貉场或商品貉场，如果发现有特别优良的个体，则可留作后备种貉。

一般农户自办的家庭貉场，采取自繁自养方式，可饲养种貉40~50只，保持存栏貉200只左右。这种规模所需劳力和饲料都容易解决，管理也比较方便，经济效益也高。

（3）淘汰群。经鉴定品质极差、没有繁殖价值的貉，一律转入淘汰群或作商品貉生产。一个拥有40~50只种貉的家庭貉场，其合适的貉群结构为成年貉占70%，育成貉占30%。这样有利于貉场的稳产高产。育成貉比例大于50%的貉场，其养殖效益会受影响。

（三）貉的选种技术

1. 选种时间：就貉的选种工作而言，应坚持常年有计划、有重点地进行，生产上可将貉的选种工作分为3个阶段来进行。

（1）初选阶段。在5~6月进行。成年公貉配种结束后，根据其配种能力、精液品质及体况恢复情况，进行一次再初选。成年母貉在断乳后,根据其繁殖、泌乳及母性情况进行一次再初选。当年仔貉在断乳时,根据同窝仔貉数及生长发育情况进行一次初选。初选阶段选留数量要比计划留种数多40%左右。

(2)复选阶段。在9~10月进行。在初选的基础上,根据貉的脱毛、换毛情况,幼貉的生长发育和成貉的体况恢复情况,进行一次复选。这时选留数量要比计划留种数多20%~25%,以便在精选时淘汰多余部分。

(3)精选阶段。在11~12月进行。在复选基础上淘汰那些不理想的个体,最后按计划落实选留数。

选留种貉时,公母貉比例为1:3或1:4,貉群较小时,要适当多留一些公貉,以防因某些公貉配种能力不强而使繁殖工作受到影响。待配种临近结束时,对劣质公貉淘汰取皮,皮张亦有利用价值,可出售。种貉群的组成应以成貉为主,不足部分由幼貉补充。成貉与幼貉的比例以7:3为宜,不要超过1:1,这样有利于貉场的稳产高产。

2. 选种方法:

(1)毛绒品质鉴定。以毛色、光泽、密度等毛绒品质为重点进行分级鉴定。毛绒品质分级标准见表4-1。种貉的毛绒品质最好是一级的,三级的不应留种。

表4-1　貉毛绒品质鉴定

鉴定项目		等级		
		一级	二级	三级
针毛	毛色	黑色	接近黑色	黑褐色
	密度	全身稠密	体侧稍稀	稀疏
	分布	均匀	欠匀	不匀
	平齐	平齐	欠齐	不齐
	白针	无或极少	少	多
	长度	80~90毫米	稍长或稍短	过长或过短

（续表）

鉴定项目		等　级		
		一级	二级	三级
绒毛	毛色	青灰色	灰色	灰黄色
	密度	稠密	稍稀疏	稀疏
	平齐	平齐	欠齐	不齐
	长度	50~60毫米	稍短或稍长	过短或过长
背腹毛色		差异不大	差异较大	差异过大
光　泽		油亮	欠强	光泽差

（2）体型鉴定。采取目测和称量相结合的方法进行鉴定，其标准见表4-2。

表4-2　种貉体重、体长标准

测量时间	体重（克）		体长（厘米）	
	公	母	公	母
初选（幼貉断乳时）	1 400以上	1 400以上	40以上	40以上
复选（幼貉5~6月龄）	5 000以上	4 500以上	62以上	60以上
精选（成、幼貉11~12月）	6 500~7 000	5 500~6 500	65以上	55以上

种貉头形似狐，吻细短，额部隆起，耳小钝圆。颈部短粗，肩宽，背腰略宽，平直，臀部丰满。公貉四肢粗壮，母貉四肢较高。尾较粗短，尾毛蓬松。种貉选择背毛美观，毛绒密度大，貉体转动时毛绒自然出现缝隙，耐磨度好，毛绒丰足，色泽光润。

（3）繁殖力鉴定。成年种公貉睾丸发育良好，交配早，性欲旺盛，交配能力强；性情温和，无恶癖，择偶性不强；每年交配母貉5只以上，配种20次以上；精液品质好，受配母貉产仔率高，每胎产仔数多，生活力强；年龄2~3岁。

成年母貉应选择发情早（不能迟于3月中旬），性情温驯，性行为好，胎平均产仔数多，初产不少于 5 只，经产不少于 8 只，母性好，泌乳力强，仔貉成活率高，生长发育正常的留作种貉。

当年幼貉应选择双亲繁殖力强，同窝仔数 5 只以上，生长发育正常，性情温驯，外生殖器官正常，5 月 10 日前出生的。根据观察，貉的产仔力与乳头数量呈强正相关（相关系数 0.5），一般乳头多的母貉产仔数也多，所以应选择乳头多的当年生母貉留种。

（4）系谱鉴定。是根据祖先品质、生产性能来鉴定后代的种用价值。这对当年尚未投入繁殖的幼貉选种更为重要。系谱鉴定首先要了解种貉个体间的血缘关系，将在 3 代祖先范围内有血缘关系的个体归在一个亲属群内。然后，进一步分析每个亲属群的主要特征，把群中的个体编号登记，注明几项主要指标（毛色、毛绒品质、体型、繁殖力等），进行审查和比较，查出优良个体，并在其后代中留种。

（5）后裔鉴定。是根据后裔的生产性能考察种貉的品质、遗传性能、种用价值。有后裔与亲代比较、不同后裔之间比较、后裔与全群平均生产指标比较 3 种方法。

种貉的各项鉴定材料，需及时填入种貉登记卡，以便作为选种选配的重要依据。

（四）貉的选配

选配是选种的继续，是在选种的基础上为了获得优良后代而具体落实公母貉配种的一种方法。

1. 选配的原则：

（1）毛绒品质。公貉的毛绒品质，特别是毛色，一定要优于或接近于母貉才能选配。毛绒品质差的公貉与毛绒品质好的母貉选配，效果不佳。

（2）体型。大型公貂与大型或中型母貂选配为宜。大型公貂与小型母貂或小型公貂与大型母貂不宜选配。

（3）繁殖力。公貂的繁殖力（以其本身的配种能力和子女的繁殖能力来反映）要优于或接近于母貂的繁殖力，方可选配。

（4）血缘。3 代以内无血缘关系的公母貂均可选配。有时为了特殊的育种目的，如巩固有益性状、考察遗传力、培育新色型等也允许近亲选配，但在生产上必须尽量避免。

（5）年龄。原则上是成年公貂配成年母貂或当年生母貂，当年生公貂配成年母貂。

2. 选配的方法：选配，就是有意识、有计划地选择配对的公母貂，目的在于获得变异，创造出新的理想类型并稳定遗传性，固定理想性状，以便逐代提高貂群品质。选配是选种工作的继续，是貂育种工作中的一项重要措施。

貂的选配方法，目前生产中最常用的有同质选配、异质选配和亲缘选配 3 种。

（1）同质选配。所谓同质选配，就是选择性状相同或性能表现一致的优秀公母貂配种，例如，为了提高貂的体重和生长速度，就应选择体型大、生长速度快的公母貂配种，使所选性状的遗传性能进一步稳定下来。

同质选配的优点在于使公母貂的优良性状稳定地遗传给后代，使所选性状在后代中得到进一步的巩固和提高。同质选配的缺点是，会使不良品质或缺陷在其后代中也得到巩固。

（2）异质选配。异质选配有两种情况，一种是选择具有不同优良性状的公母貂配种，目的是将两种优良性状结合在一起，以期获得兼有双亲不同优点的后代。例如，有的貂体型虽属中等，但毛密度大，有的毛密度虽不突出，但体型较大，如果选择这两种具有不同特点的公母貂配种，使毛密、体大的优良性状集中在一起，从而获得体型大、毛绒品质好的后代；另一种是选择同一性状优劣程度不同的公母貉配种，目的是以优改劣，丰富遗传性，提高后代的生产性能。例如，有的貉毛稀而均匀度好，有的则毛密但均匀度差，为了打破貉群品质的停滞状态，可选择异质选配法，以期获得毛密而均匀平齐的后代。但应注意，异质选配中有时由于基因的连锁和性状间的负相关等原因，不一定能把双亲的优良性状很好地结合在一起。为了提高异质选配的效果，必须考虑性状的遗传规律与遗传参数。

（3）亲缘选配。亲缘选配就是配种双方有亲缘关系的一种选配方法。一般认为在6代以内有亲缘关系的种貉间交配，为亲缘选配；而7代以外的亲缘关系，因祖先对后代的影响极为微弱，可以忽略不计，可称为非亲缘选配。

①亲缘程度的计算。亲缘选配时的亲缘程度，主要由与配公母貉之间的亲缘关系决定。例如，父—女、母—子或同胞兄妹间的配种，因亲缘关系近，所以近交程度高；而曾祖代或远堂兄妹间的配种，因亲缘关系远，所以近交程度低。

②亲缘选配的应用。

a. 明确近交目的：近交只在培育新品种或品系繁育中，为了固定遗传性状时才可采用，不能滥用，更不能长期连续使用。

b. 灵活运用近交形式：亲缘选配的形式很多，要使优良公貉的遗传性能尽快固定下来，可以采用父与女，祖父与孙女或叔侄交配等亲交形式；要使优良母貉的遗传性能尽快固定下来，可以采用母与子，祖母与孙子或姑侄交配等形式。

c. 控制近交时间与速度：亲子配或兄妹配是近交的极端形式，运用得当，收效最快；半同胞或半堂兄妹配，虽基因纯合速度较慢，但风险较小，且可连续继代进行；中亲交配虽也有固定遗传性的作用，但功效不大。关于近交使用时间，原则是达到目的，适可而止，如长期连续使用，则可能造成严重损失。

③近交衰退及防止办法。近交衰退，是指近交后产生的各种不良现象。主要表现为繁殖力减退，死胎和畸形胎增加，生活力下降，适应性变差，体质变弱，生长缓慢，生产性能下降。

a. 加强育种计划：在育种过程中，为了迅速巩固貉的某些优良性能，允许采用亲缘选配，但必须严格控制使用。另外，在种貉群内，最好以公貉为中心，建立一些亲缘关系较远的"系"，以便有计划地利用这些"系"间交配，以避免不恰当的近交。

b. 严格淘汰制度：近交很容易使遗传上的缺陷暴露出来，在表型上表现为品质低劣，甚至出现畸形。所以，在实行近亲交配时，一定要选择体格健壮、性能优良的公母貉配种，严格淘汰品质不良的隐性纯合子、体质瘦弱、发育不全、生产性能不高以及具有相同缺陷的公母貉，千万不能作为近交的对象。

c. 加强饲养管理：近交后代遗传性能比较稳定，种用价值也可能较高，但生活力较弱，对饲养管理条件要求较高。

d. 保持一定数量的基础群：为了避免不必要的近亲交配，在种貉场内必须保持有一定数量的基础群，尤其是公貉数量，一般种貉场至少应有种公貉 10 只以上，而且这些种公貉间应保持有较远的亲缘关系。

e. 定期血缘更新：连续近交几代后，为防止不良影响的过多积累，可从其他貉场调换一些同品种、同类型而又无亲缘关系的种公貉进行血缘更新。进行血缘更新时，一定要注意引入有类似优良特征、特性的种貉，否则就会抵消近交的后果。

貉的选配工作一般在每年 1 月底完成，并编制出选配计划。

（五）白貉及吉林白貉的选育

1. 白貉及其特征：自然界中的貉历来都是青褐色，这种常见的普通色型在遗传上被称为野生型。1974 年黑龙江省哈尔滨动物园曾收购到 1 只罕见的雄性白貉（眼、吻均为淡粉红色），1980 年又在东北三省家养貉种群中陆续发现过眼睛黄褐色或淡蓝色、吻黑色的白貉或花白貉，这些有别于野生型毛色的特殊色型，被称为突变型。中国农业科学院特产研究所利用这些宝贵的白貉突变基因，经 10 余年的研究，终于成功地培育了我国的新色型白貉——吉林白貉。

吉林白貉从表型上看又分为两种：一种是除眼圈、耳缘、鼻尖、爪和尾尖带有野生型貉的毛色外，身体其他部位的针毛、绒毛均为白色；另一种是身体所有部位的针毛、绒毛均为白色。两种白貉毛色均惹人喜爱，体型与野生型貉差异不显著，在行为上较野生型貉更加温驯。

2. 白貉毛色遗传的特点：经大量研究表明，貉白色毛的遗传基因是显性基因（W），其对应的野生型貉遗传基因是隐性基因（w），但貉白色显性基因有纯合致死的作用，故所有白貉个体均为杂合体（Ww）。白貉与白貉、野生型貉选配的毛色分离情况如图 4-15 所示。

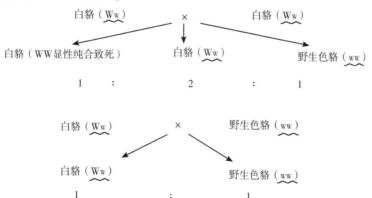

图 4-15 白貉与白貉、野生型貉选配的毛色分离情况

可见白貉与白貉间交配，后代仅有 1/2 的白貉，由于显性基因的纯合致死作用，降低了繁殖力。白貉与野生型貉交配，后代也分离 1/2 白貉，却避免了显性基因纯合致死的后果。

3. 白貉的选种选配：我国现在的白貉类型毛色已很稳定，即白毛部分无论针毛、绒毛全部为白色，无其他杂色（如针毛白而绒毛不白或部分不白；或身体的某一部分不白等）。故白貉选种应侧重于毛色、毛质和体型，尤其公貉更要精选。

白貉的选配宜采用白貉与野生型毛色貉交配，不宜在白貉间选配。白貉一般有针毛粗长的缺点，选配的野生型貉其针毛最好短而密，以纠正白貉的缺点。

第五章　貉饲养管理

一、貉的生产时期划分

为了便于饲养管理，根据貉在不同的生物学时期的生理特点、营养需要、饲养管理的需要和貉的性别、年龄一般进行如下生产时期的划分（表5-1）。貉在准备配种期、配种期、妊娠期、产仔泌乳期、恢复期、幼貉育成期的生物学特性是不同的，因此饲养管理存在一定的差异。

表5-1　貉饲养时期的划分

| 类别 | 月份 | | | | | | | | | | | |
	12	1	2	3	4	5	6	7	8	9	10	11
成年公貉	准备配种后期		配种期			恢复期					准备配种前期	（冬毛生长期）
成年母貉	准备配种后期		配种期				恢复期				准备配种前期	（冬毛生长期）
			妊娠期									
			产仔泌乳期									
幼貉						哺乳期	育成前期				育成后期	（冬毛生长期）

二、准备配种期饲养管理

每年9月秋分节气之后，气候逐渐由炎热变凉爽，白昼时间迅速变短，夜晚变长，乌苏里貉生殖器官逐渐开始发育（当年

·*121*·

出生的青年貉）和再发育（二龄以上的成年貉），与此同时，开始脱夏毛、长冬毛。此期饲养管理的中心任务是为貉提供各种必需的营养物质，特别是生殖器官生长发育所需的营养物质，以促进性器官的发育，同时注意调整种貉的体况，为顺利完成配种任务打好基础，一般根据自然光周期变化及生殖器官的相应发育情况，把此期划分为前后两个时期进行饲养。

（一）准备配种期的饲养

1. 准备配种前期的饲养：准备配种前期一般为 9~11 月，应满足其对各种营养物质的需要，如继续补充繁殖消耗的营养物质，供给冬毛生长所需要的营养物质，贮备越冬的营养物质，维持自身的新陈代谢以及满足当年幼貉的生长发育等。日粮应以吃饱为原则，动物性饲料的比例不应低于 15%，可适当增加含脂率高的饲料，以利提高肥度。到 11 月末种貉体况应得到恢复，母貉至少应达到 5.5~6.0 千克，公貉 6.0~7.0 千克。9~10 月日喂 2 次，11 月可日喂 1 次，但一次喂食量增大，并供给充足的饮水。

2. 准备配种后期的饲养：准备配种后期一般为 12 月至翌年 1 月，此期冬毛的生长发育已经完成，当年幼貉已经生长发育为成貉，貉的食欲下降进入半冬眠状态，采食量有所下降，因此，饲养的主要任务是平衡营养调整体况，促进生殖器官的发育和生殖细胞的成熟。

（1）应根据种貉的体况对日粮标准进行调整，全价动物性饲料适当增加，并需补充一定数量的维生素。此时保持每日每只貉的饲料采食量在 400~500 克，其中动物性饲料占 25%，谷物占 65%，蔬菜占 10%，另外每日每只添加食盐 1 克，酵母 3~5 克，麦芽 10~15 克，鱼肝油 800~1 000 国际单位，维生素 E 2.5~5.0 毫克。

（2）饲料品种尽可能多样化，如有条件，每日还可补给脑、肝、蛋各15~20克。

（3）从1月份开始每隔2~3天可少量补喂些刺激发情的饲料，如大葱、大蒜等。

（4）在投喂方法上，采用1日1次比较合适，能够保证饲料被充分利用而不致浪费。也可在12月2~3天集中投食1次，到1月开始恢复到每日两次投食，8:00~9:00饲喂1次，饲喂日粮总量的40%；16:00~17:00再饲喂1次，饲喂日粮总量的60%。

（二）准备配种期的管理

准备配种期的管理主要注意以下几方面。

1. 防寒保暖：从10月开始，应在小室中添加垫草。特别是在北方寒冷地区，整个冬季必须保证小室中有充足垫草，定期更换，以保证干燥、保温。

2. 搞好卫生：有的貉习惯在小室中排粪便和往小室中叼饲料，使小室底面和垫草被弄得潮湿污秽，容易引起疾病并造成貉毛绒缠结，因此，应经常打扫笼舍和小室卫生，使小室保持干燥、清洁。

3. 保证充足的饮水：准备配种期内每天应饮水1次，冬季可喂清洁的碎冰或散雪。

4. 调整体况：准备配种后期，管理工作重点是调整体况，通过调整，尽量使种貉肥瘦程度达到理想状态。一般理想的繁殖体况为公貉6~7千克，母貉体重5.5~6千克。

从外观上估计种貉的体况，可以分为如下3种情况。

（1）过肥体况。逗引貉直立时见腹部明显下垂，下腹部积聚大量脂肪，腿显得很短，行动迟缓。

（2）中等体况。身躯匀称，肌肉丰满，腹不下坠，行动灵活。

（3）过瘦体况。四肢显得较长，腹部凹陷成沟，用手摸其背部可明显感觉到脊椎骨。

对过肥的貉要通过减少饲料中脂肪含量和加强运动使其减肥，必要时进行寒冷刺激。对瘦貉要通过增加饲料量或增加日粮中含脂肪率的饲料和提高小室温度的办法来增肥。

如果用肉眼观察缺乏经验，可用称量种貉体重指数来确定其体况，体重指数是指种貉的体重（克）除以体长（厘米）所得指数。体重称量以清晨空腹为准，体长测量为嘴尖至尾根的直线长度。在配种前种貉的体重指数保持在 100～110 克/厘米较为理想。

5. 加强驯化工作：准备配种后期要加强驯化，1 月下旬，要进行异性刺激，方法是公、母貉互相串换笼舍、临笼饲养等。特别是多逗引貉在笼中运动，这样做既可以增加貉的体质，又有利于消除貉的惊恐感，提高繁殖力。

6. 做好配种前的各种准备工作：如调整兽群，编号、挂标记牌等。特别值得注意的是，调整种公貉时，一定要问明谱系，尽量进行远距离种貉串换，要绝对禁止近亲繁殖。

7. 加强疾病预防：搞好预防接种，坚决禁止到疫区串换种貉和串换病种貉，以防造成疫病扩散蔓延，殃及自己、全村甚至更大范围。

三、配种期饲养管理

貉的配种期较长，一般为 2～3 月，但个体间也有很大差异。此期饲养管理的中心任务是使所有母貉都能适时受配。同时确保配种质量，使受配母貉尽可能全部受孕。为此，必须提高营养标准，保证促进正常发情和受配的各种饲料，加强饲养管理的各项工作。在管理方面压倒一切的就是搞好配种，定期检查母貉发情，正确、适时放对，观察其配种，精液品质检查等，围绕配种开展饲养和管理工作。

（一）配种期的饲养

配种期公、母貉营养消耗比较大。特别是公貉，在整个配种期由于性兴奋，使得食欲下降，体重减轻，要供给质量高营养丰富、适口性强和易于消化的日粮，以保证有旺盛持久的配种能力和良好的精液。公、母貉日粮要含有足够的全价蛋白质及维生素 A、维生素 B、维生素 D 和维生素 E，要适当增加动物性饲料的比例。日粮给量 500~600 克，日喂 2 次，对种公貉要在中午放对结束后进行饮水和补饲，主要是从鱼、肉、蛋、乳为主的饲料，尽可能地做到营养丰富、适口性强和易于消化吸收，以确保种公、母貉的健康。见图 5-1。

图 5-1　配种期

（二）配种期的管理

（1）喂饲时间要与放对时间配合好，喂食前后半小时不能放对。在配种初期由于气温较低，可以采取先喂食后放对；配种中后期可采取先放对后喂食。喂食时间服从放对时间，以争取配种进度为主。

（2）科学制定配种计划，准确进行发情鉴定，掌握好时机，适时放对配种。总体配种计划要在配种开始前进行全面的统筹安排，以优良类型改良劣质类型为主，避免近亲交配和繁殖。每天放对开始前根据前1天母貉发情检查情况，制定当天的配种计划，原则是在避免近亲交配的前提下，尽可能根据母貉发情程度和公母貉性行为，准确搭配，日配种计划制定的正确、合理，可使配种顺利进行，交配成功率高。所以准确进行母貉发情鉴定，掌握好时机，适时放对配种，正确制定配种计划非常重要。

（3）及时检查维修笼舍，防止种貉逃跑而造成损失。在配种期由于频繁捉貉检查发情、放对，要注意检查、维修笼舍，防止跑貉造成失配和貉场混乱。每次捉貉检查发情和放对配种，应胆大心细，捉貉要稳、准、快，既要防止跑貉又要防止被貉咬伤。

（4）添加垫草，搞好卫生，预防疾病发生。配种期由于性冲动，食欲很差，因此要细心观察，正确区分发情貉与发病貉，以利于及时发现和治疗病貉，确保貉的健康。配种前要对公、母貉的健康状态进行检查，对患有或怀疑患有传染病的貉，应禁止放对，以防疾病的传播。

（5）保证饮水，除日常饮水充足、清洁外，还要在抓貉检查发情或放对配种后，及时给予充足的饮水或干净的雪。

（6）保持貉场安静，禁止外来人进场，避免噪音等刺激。控制放对时间，保证种貉有充分的休息，确保母貉正常发情和适时配种。

四、妊娠期饲养管理

貉妊娠期一般为 2 个月，但从全群总体来看，妊娠期在 3~4 月。此期是决定繁殖成功与否、生产成败、效益高低的关键时期。饲养管理的中心任务是保证胎儿的正常生长发育，做好保胎工作。

（一）妊娠期的饲养

妊娠期的母貉不仅要维持自身新陈代谢的需要，而且还要供给胎儿在体内生长发育所需要的营养以及为产后泌乳所积蓄的营养。可见提高妊娠期的营养标准是必要的，妊娠期饲养的好坏，不仅关系到胎儿的正常生长发育，同时还关系到胎产仔数的多少和仔貉出生后的健康和成活。如果喂料量不足或饲料中缺少某种营养元素，将会出现胚胎被吸收、死胎、流产等妊娠中断现象，从而直接影响其繁殖力，对生产不利。

（1）在日粮安排上，要做到营养全价、品质新鲜、适口性强、易于消化，腐败变质或怀疑有质量问题的饲料，绝对不能喂貉。饲料品种应尽可能多样化，但主要品种饲料要相对稳定，轻易不要改动，以达到营养均衡的目的，确保妊娠母貉的营养需要。日粮中一定要含有足够量的蛋白质、维生素和矿物质，无论动物性饲料或谷物性饲料都要保证新鲜不变质。

（2）饲料喂量要适当，妊娠头 10 天，因母貉有妊娠反应，采食量减少，所以要喂给含脂率较低的饲料，增进其食欲，想方设法让貉多进食，以确保健康。以后要根据妊娠的进程逐步提高营养水平和饲料给量。既要满足母貉的营养需要又要防止过肥，过肥会造成难产、缺乳或产弱仔，使仔貉难以成活。

（3）在饲料喂量不过多增加的情况下，喂给妊娠母貉的饲料可适当调制得稀些。妊娠后期由于腹腔饱满，母貉不能一次性过多采食，加之饲料喂量又较大，故可日喂3次。在分配给食时，饲料量要根据妊娠天数和体况好坏灵活掌握，不要平均分食。采取区别对待的方式，妊娠时间长、体况欠佳的貉要多喂些。

（二）妊娠期的管理

妊娠期管理工作的重点是给妊娠母貉创造一个舒适安静的环境，以保证胎儿正常生长发育。

（1）为方便管理，受配后的母貉要按配种时间的早晚，依次排放到貉场安静的位置上，使继续放对配种工作不会影响妊娠母貉。

（2）保持貉场安静，避免妊娠母貉过于惊恐，严禁外来人进场参观。饲养人员在貉场工作时，要求动作轻捷，放置工具时要稳，避免一撞就倒，禁止在场内大声喧哗。为了保证母貉妊娠后期及产仔期不过于惊恐，尽量减少清理粪便或其他动作较大的工作。饲养人员在妊娠前、中期多进貉场，多接近母貉，以使母貉逐步适应环境变化，到妊娠后期应逐渐减少进入貉场的次数，保持环境安静，让母貉在安静、舒适的环境中生活，有利于产仔保活。

（3）细心观察貉群的食欲、消化、活动、粪便及精神状态，发现异常要及时采取措施加以解决。如发现有流产前兆时，要肌内注射黄体酮15~20毫克，维生素E注射液15毫克，以利保胎，如有肠炎或食欲不振时，要调整饲料使之尽快恢复。

（4）搞好笼舍及环境卫生，保证充足的饮水，及时做好产箱的清理、消毒及铺垫草保温工作，为母貉产仔做好充分的准备。

五、产仔泌乳期饲养管理

貉产仔泌乳期一般是在5~6月，全群可持续2~3个月。此期饲养管理的中心任务是确保仔貉成活和正常生长发育，以达到丰产丰收的目的。在饲养上要增加营养，使母貉能分泌足够的乳汁；在管理上要创造舒适、安静的环境。

（一）母貉产仔泌乳期的饲养管理

1. 母貉产仔泌乳期的饲养：产仔泌乳期日粮配合与饲喂方法基本与妊娠期相同，母貉产仔后，为哺育仔貉和恢复自身的体力，营养消耗较大。在哺乳前期，在母貉日粮中应补充适量的乳类饲料（牛奶、羊奶、奶粉等）以促进泌乳。见图5-2。饲料加工要细，浓度调制稍稀些，并保证充足的饮水，不然会发生口渴的母貉食仔现象。泌乳后期，当仔貉开始采食或母乳不足时要及时给予人工补饲，方法是将新鲜动物性饲料绞碎，加入谷物饲

图5-2　产仔泌乳期

料和维生素类饲料，用奶调匀饲喂仔貉。

泌乳期产仔母貉日粮每日每只 1 000~1 200 克，其中，动物性饲料占日粮总重量的 35%~40%，乳类饲料占 5%，谷物类占50%、蔬菜占 5%，盐 0.3 克/只，维生素 A、维生素 D 1 000 国际单位，这样才能保证母貉有足够的营养需要来保证泌乳正常、维持体况。

仔貉 20 日龄后，开始同母貉一起采食，要增加母貉的日粮量。补饲量的多少根据母貉产仔数和仔貉不同日龄逐渐增加，20日龄时，每只仔貉给 50 克补饲，30 日龄 100 克，40 日龄 120 克左右，以后可根据母貉和仔貉的采食情况灵活掌握。

仔貉 45 日龄后，母貉开始对它们表现出淡漠，尤其是吸乳时，母貉乱走动，躲避仔貉，有时甚至恐吓或扑咬仔貉。此时可将仔貉断乳分窝独立饲养，分窝时一般先把母貉拿出去，随着仔貉采食量的增加将仔貉分成 4~5 只在一个笼子里，逐步分成单只饲养。对于仔貉大小不一时，也可先把较大的仔貉先分出来，最后再将小的分出去。

2. 母貉产仔泌乳期的管理：母貉产仔泌乳期的饲养管理是养貉成败的关键，应予以高度重视，并根据貉的生理特点，采取各种有效措施，保护胎儿和提高仔貉成活率。产仔保活技术工作主要包括产仔前的准备、难产的处理、产后检查、产后护理等工作。

（1）产前准备工作。

①产前 10 天左右应做好产箱的清理、消毒及垫草保温工作；

②消毒可用 2%氢氧化钠溶液洗刷，也可用喷灯火焰灭菌；

③产箱底部可用粗硬的稻草打底，然后再垫柔软不易折碎、保温性能强的山草、软稻草、软杂草等。

（2）预产期计算。貉的妊娠期比较准确，其预产期的计算方法如下。

①平年 2 月配种的母貉的预产期为月份加 2，日期不变；

②闰年 2 月配种的预产期为月份加 2，日期减 1；

③3 月份配种的预产期为月份加 2，日期减 2；

④3 月 1~2 号配种的母貉，预产期为月份加 1，日期加 28。

（3）难产处理。母貉妊娠 60 天左右开始产仔，产仔多在夜间或清晨进行，产程 3~5 小时。在貉的产仔期要安排昼夜值班，重点观察预产期临近或将到的母貉，遇有难产的母貉和需要代养的仔貉，可及时采取措施。

大多数母貉都能够自行产仔，不必借助外力。少部分母貉在产仔时由于各种原因会出现难产症状。母貉难产的症状主要表现为：母貉到了或超过预产期并表现出临产症状，但迟迟不见仔貉娩出。母貉十分不安，频繁出入小室，回视腹部或舔外阴，不断发出痛苦的叫声，也有的精神萎靡，趴卧不起。

难产的具体处置规程如下。

①一经确定难产，首先应适时使用催产素。催产素可分 2 次注射。第一次可肌内注射 0.2~0.5 毫升，若经半小时到 1 小时还未产，再注射 0.8~1 毫升；

②见胎儿露出又不能自然娩出，则可进行人工助产。助产时，将消毒后的手指伸入产道内，将胎儿体位理顺拉出；

③经催产、助产无效时，可根据情况进行剖腹取胎，以挽救母貉和胎儿。

（4）产后检查。产后第一次检查一般在产后 12~24 小时进行，产后检查要采取"听、看、检"相结合的方法进行。

①"听"就是听仔貉的叫声。如果仔貉很少嘶叫，叫时声音洪亮，短促有力，说明仔貉健康。

②"看"就是看母貉的吃食、粪便、乳头及活动情况。母貉食欲越来越好，乳头红润饱满，活动正常，说明仔貉发育良好。

③"检"就是打开小室直接检查仔貉。检查时轻轻打开产箱后盖，将带上棉手套的手慢慢地伸入，让母貉咬住手套不放，检查者顺势将其头部挤压在窝箱的内壁上，另一不戴手套的手迅速卡住其颈部，两手扣紧将母貉拎出。另一人检查仔貉，之后将母貉轻轻地放入产箱内。注意动作一定要快，不使其有挣扎的机会，否则会伤害仔貉。

（5）产后护理。母貉母性很强，仔貉主要是通过母貉来护理，并依赖母乳生长，所以保证仔貉吃饱母乳是高成活率的关键。一般产后应及时将母貉乳头周围的毛绒拔掉，以利仔貉吮乳。若母貉母性不强、无乳或缺乳，一窝仔貉10只以上时，应及时将其仔貉交给其他母貉代养。

①代养母貉应具备有效乳头多、奶水充足、母性强、性情温顺、产仔日期与被代养仔貉相同或相近（前后不超3天），仔貉大小也相近等条件。

②代养时将母貉关在小室内，在被代养的仔貉身上涂上代养母貉的粪尿，或用其窝内垫草擦拭后放在小室门口，打开小室门，让代养母貉将被代养的仔貉叼入。

③要及时检查被代养仔貉的情况。在母貉外出活动和吃食时，掀开产箱后盖观察仔貉的状况。

（二）仔貉哺乳期的饲养管理

1. 仔貉哺乳期的饲养：仔貉出生后1~2小时，胎毛即可被母貉舔干，继而可以寻找乳头吃乳，吃饱初乳的仔貉便进入沉睡，直至再次吃乳才醒来嘶叫。见图5-3。初生仔貉大约3~4小时吃乳一次。脱离母貉的幼貉消化机能较弱，机体生长发育所需要的营养全从饲料中获取，这时日粮中蛋白质和能量必须保证供给。此外，日粮中需含有丰富的钙、磷等矿物质元素，还应适当增加肉骨粉、鱼粉或小杂鱼的比例。此时期动物性饲料至少应占 30%~35%，其他 65%~70%。用膨化玉米粉、麦麸、熟制豆粕、米糠等多种植物性饲料配制，充分搅拌均匀，制成稀粥状投喂，投喂饲料量须足够，日喂 3 次，能吃多少添喂多少，以粪便呈条状为度（喂得太多会造成拉稀）。对个别体弱的幼貉，需特殊关照，喂易消化的营养价值较高的饲料，做到"少喂多餐"。

图 5-3　哺乳期仔貉

2. 仔貉哺乳期的管理：在整个饲养过程中极其重要，不但直接关系到种貉的自身健康，而且还决定着仔貉的成活率，所以应倍加注意。

（1）环境安静。种貉产仔后，养殖区应保持安静，如出现较强的噪音，貉听到后便会炸窝，继而咬死或咬伤仔貉。同时，应严禁生人进入养殖区并观看母貉或仔貉，以免刺激母貉，对仔貉不利。

（2）喂食合理。随着仔貉的生长，哺乳中、后期（分娩后1~3周），可适量增加母貉食量及添加少许补品，每天可喂食

3~4次，每次投喂鸡蛋1个。出生3周后，仔貉基本开食，可单独给食，给仔貉补饲易消化的粥状饲料。如果仔貉吃食较差时，可将其嘴巴接触饲料或把饲料抹在嘴上，训练其学会吃食。母貉即可减食。

（3）正确通风。养殖户应根据天气情况及时掀帘（被）通风，以保持窝舍内空气清新。通风时须将前面的帘或被掀至一半，露出下半部窝舍，时间为11:00~15:00。切不可将后面帘、被掀开，需等仔貉长到月龄时才可逐步掀起后帘。

（4）适时分窝。成功的养殖户一般都等到仔貉出生45天后才可逐步分窝。分窝时，体态健壮、个头较大的先分出去，首批应为2~3个，半月内分完。最后剩下的体弱或个头较小的仔貉，应再与母貉生活一段时间，何时分窝视仔貉生长情况而定。

仔貉分窝时，先将2~4只养于同一笼舍内，让其群养10~20天，再逐只分开，单笼饲养。

六、恢复期饲养管理

公貉配种结束（4月）后至性器官再度发育（8月），母貉从仔貉断乳分窝至8月为恢复期。

（一）恢复期的饲养

1. 公貉：公貉配种后20天内因为配种期体能消耗大，需要补充能量加强饲养；后来由配种期的紧张活跃状态转为相对静止状态，行为表现懒散，不爱活动，身体开始逐渐发胖，饲养水平保持一般即可。在配种期间发现的不中用的公貉下年度不做种用，准备淘汰，按皮兽水平喂养即可。

2. 母貉：母貉断乳20天内，由于在哺乳期哺育仔貉的营养消耗，此期体况一般偏瘦，食欲较差，采食量较小，体重处于全年最低水平。因此，此期重点是补充营养，增加肥度，恢复体况，并为越冬及冬毛生长储备足够的营养，为下一年的繁殖打下良好的基础。

为尽快恢复母貉的体况，母貉断奶后1个月内，要继续给予产仔泌乳期的日粮标准，也可以喂给和仔貉同样的日粮，但不能在断奶后马上喂给恢复期的日粮。因为在断奶后1个月之内，特别是15天左右时，母貉的消化机能和吸收机能发生了变化，必须给予含蛋白质较高的饲料。此期，动物性饲料比例不低于20%，谷类饲料要多样，最好加入20%~30%的豆粕，特别是多种维生素和微量元素一定要满足，可适当增加一些蔬菜。8~9月，母貉的日粮要逐渐增加，使体内蓄积些脂肪，保证安全过冬。

（二）恢复期的管理

恢复期的管理无特殊要求，按日常管理方法进行即可。

在恢复期要特别注意母貉乳腺炎的预防和治疗。母貉断奶后，奶汁的增加使乳房肿胀、发红，有疼痛感，再加上母貉行动缓慢，食欲减少，如不及时治疗，就会发生乳腺炎，严重者形成脓肿，造成溃疡，有的甚至失去繁殖能力。治疗乳腺炎可用卡那霉素、青霉素，每天2次，每次320万~640万单位，连用3~5天。同时，要对笼具、食具和地面进行全面的消毒。

管理上要做好防暑降温，利用早、晚凉爽时间多喂一些饲料，饲料要稀一些，中午可在笼舍周围或地面喷洒凉水降温，以减少应激反应，尽快恢复体况。保证饮水充足，供水量要根据季节和饲料的特点而定，母貉恢复期需水量大，特别是在8~9月，母貉已基本恢复正常，食欲和饮水都增加。所以，要保证有足够和清洁的饮水，不能间断。

七、幼貉育成期饲养管理

仔貉断乳后称为幼貉，幼貉育成期是指仔貉断乳后至体成熟的一段时间，一般是指 6 月下旬至 11 月的一段时间。要想搞好育成期的饲养管理，必须要掌握仔、幼貉生长发育特点，根据其生长发育特点，抓住规律，才能切实抓好饲养管理，促进其正常的生长发育，培育出优良的种貉和生产出优质的毛皮产品，提高经济效益。

（一）仔貉生长发育特点

仔貉出生时体长仅有 8~12 厘米，体重 100~150 克，身体表面布满黑色稀短的胎毛，生长发育十分迅速，至 45~60 日龄断乳分窝，体重可增加十几倍，体长可增加 3 倍左右。幼貉生长发育有一定的规律性，体重和体长的增长是同步的，在 90~120 日龄前生长发育速度最快，120~150 日龄后生长速度降低，生长发育较迟缓，150~180 日龄生长基本结束，幼貉已经达到成年貉的体重和体长。

（二）幼貉育成期的饲养

育成期是貉一生中生长发育最旺盛的时期（图 5-4），如营养不足，则生长缓慢，个体弱小，到冬季屠宰取皮时，毛皮短小，尺码不够档，价值低，经济效益低。

幼貉断乳后的头 2 个月，也就是幼貉在 60~120 日龄时，其生长发育最快，是决定其基本体型大小的关键时期，必须提供优质、充足的饲料营养，否则一旦营养不足，生长发育受阻，即使以后加强了营养，也很难弥补这一损失。因此，幼貉育成期要提供给优质、全价、能量含量高的饲料，如饲料中增加含碳水化合

图 5-4 育成期幼貉

物多的或含脂率较高的饲料，日粮中以谷物、饼粕类饲料为主，适当提供给鱼、肉类及其杂碎饲料。另外还应特别注意补充钙、磷等矿物质饲料如鲜碎骨、兔头或骨架等。适当喂些维生素饲料。

幼貉生长旺盛，日粮中蛋白质的供给量应保持在每只每日40~50克，如蛋白质不足或营养不全价，将会严重影响其生长发育。幼貉育成期每天喂 2~3 次，饲喂 2 次时，早饲占 40%，晚饲占 60%；喂 3 次时，早、中、晚分别占全天日粮的 30%、20% 和 50%，让貉自由采食，能吃多少喂多少，以不剩食为准。

（三）幼貉育成期的管理

1. 断乳幼貉管理：刚断乳的幼貉可 2 只或多只养在一笼内，也可以十几只养在一个圈舍中，直至取皮。种用幼貉或皮用幼貉在笼舍饲养时，尽可能是一笼一只，这样便于观察并可避免争食。幼貉活泼好动，有时将腿、爪伸向邻笼，很易被邻笼貉咬断腿爪。因此两笼应留间隙，最好用木板隔开。

2. 幼貉驯化：幼貉育成期是加强驯化的有利时期，可采取食物引诱、经常接近或爱抚等方法进行驯化。对幼貉要坚持从小驯化，循序渐进，一般都可以收到显著的驯化效果。有的可驯化到随意抱起而不咬人的程度，有的还可像小狗一样跟随饲养人员行动，达到不远离主人的程度。驯化程度好的种貉，发情、配种、产仔因不怕人而顺利进行，对提高繁殖力很有好处。

3. 炎热夏季管理：幼貉育成期正处于炎热的夏季，管理上要特别注意防暑和预防疾病。水盒、食具要经常清洗、定期消毒，小室和笼（圈）舍中的粪便及残食要随时清除，以防腐败，腐败的饲料一旦让貉吃掉，便会患肠炎等疾病。刚断乳的幼貉消化饲料的机能还不十分健全，对环境的适应能力不强，易患肠炎或患尿湿症，应在小室内铺垫清洁、干燥的垫草。注意笼舍的遮阳和通风，貉棚的饲养场，夏季需用石棉瓦或木板将貉笼盖上，以遮挡强烈的阳光直射貉笼，保证充足清凉的饮水，中午炎热时，要轰赶幼貉运动，地面洒水，以防中暑。防暑降温是育成期幼貉的重要管理工作，一是要保障饮水盒内经常有清洁的饮水，让貉自由饮用；二是当气温太高时，用水龙头喷于貉体表和地面，让水分蒸发带走部分热量，造成较适宜生活的小环境，保证育成貉安全度夏。

貉中暑时呼吸频率加快，喘气不止，重则呼吸困难、尖叫、昏迷，甚至死亡。如发现貉中暑，则应迅速将貉转移到阴凉通风处，在头面部盖上用凉水浸过的湿毛巾，用清凉油擦鼻镜和太阳穴，撬开嘴，灌服藿香正气水 5~10 毫升，轻者能缓解治愈；严重患貉，则须注强心剂抢救，肌注苯甲钠咖啡因 0.25 毫克或 0.25 毫克尼可刹米，并向腹腔内注射 50 毫升葡萄糖液。

4. 分群后饲养：9~10 月以后，幼貉已长到成貉大小，应进行选种分群，选种后种貉与皮用貉分群饲养。种用幼貉的饲养管理与准备配种期成貉相同。皮用貉的饲养要点主要是保证正常生命活动及毛绒生长成熟的营养需要。其饲养标准可稍低于种用貉，可利用一些含脂率高的廉价动物性饲料，如经过高温处理的痘猪肉等，这样既有利于提高肥度，增加毛绒的光泽，提高毛皮质量，又可降低饲养成本。

10 月初就应在皮用貉的小室内铺加垫草，以利于梳毛。加强笼舍卫生管理，及时清除粪便及剩料，防止毛绒被污染及毛绒缠结，尤其是圈养的皮用貉更应该注意这方面的管理。

幼貉育成期应供给优质、全价及热能高的饲料，饲料中应注意矿物质、维生素及脂肪的补给。幼貉育成期每天喂 3 次，此时饲料量不要限制，能吃多少给多少，以不剩食为准。

貉的汗腺不发达，加上被毛厚长，影响体热的散发，尤其是幼貉是正处于生长发育旺期，需水量高于成年貉，在夏季炎热天气，一定要保证幼貉的饮水需求防止中暑，同时注意水质的清洁卫生，固定好食盆，及时清理粪便，以防被毛被食盆打翻时流出的饲料和粪便污染，发生缠结，尤其是圈养皮用貉更应注意。

八、皮用貉饲养管理

（一）正常皮用貉的饲养管理

皮用貉除选种后剩下的当年幼貉外，还包括一部分被淘汰的种貉。皮用貉的饲养要点主要是保证正常生命活动及毛绒生长成熟的营养需要。皮用貉的饲养标准可稍低于种用貉，以降低饲养成本，可多利用一些含脂率高的廉价动物性饲料，如经过高温处理的痘猪肉等；提供含硫氨基酸多的饲料，如羽毛粉等；提供对冬毛生长有益的维生素和微量元素，或混合配制的饲料添加剂。这样有利于提高貉的肥度，增加毛绒的光泽，提高毛皮质量。

貉从秋分开始换毛以后，就要在貉窝箱内及时添加垫草，不仅能减少毛皮兽本身热量的消耗，节省饲料，防止感冒，而且还能起到梳毛、加快毛绒脱落的作用。注意给毛皮兽梳理毛绒，此期间由于毛绒大量脱落，加之饲喂时毛皮兽身上黏一些饲料，容易造成毛绒缠结，若不及时梳理，就会影响毛皮质量。所以，此期间一定要搞好笼舍卫生，保持笼舍环境的洁净干燥，应及时检查并清理笼底和小室内的剩余饲料与粪便；及时维修笼舍，防止粘染毛绒或锐利物损伤毛绒。

如发现自咬，应根据自咬部位采取"套脖"或"戴箍嘴"的办法，以防破坏皮张质量。

（二）埋植褪黑激素的貉的饲养管理

1. 褪黑激素埋植：淘汰的成年貉在 6 月上旬埋植褪黑激素。埋植时成年貉应有明显的春季脱毛迹象，如春毛尚未脱换应暂缓埋植，否则效果不佳。淘汰的当年幼貉应在断奶分窝 3 周以后，一般在 7 月上旬埋植褪黑激素。出生晚的幼貉也可在断奶分窝后的 8 月埋植。植入毛皮兽两肩胛骨间颈部皮下，亦可植入后大腿内侧皮下，切不可植入背部皮下。埋植时先用一只手捏起皮貉颈背部皮肤，另一只手将装好药粒的埋植针头斜向下方刺透皮肤，再将针头稍抬起平刺至皮下深部，将药粒推置于颈背部的皮肤下和肌肉外的结缔组织中，勿将药粒植入到肌肉中（图5-5）。老、幼貉均埋植 2 粒。每粒含药量为（10±0.5）毫克。

2. 埋植后的管理：貉在埋植褪黑激素后其生活习性有所改变，要加强管理。

①采用冬毛生长期饲养标准。

②皮貉埋植褪黑激素 2 周以后，食欲旺盛，采食量急剧增加，要适时增加和保证饲料供给量，以皮貉吃饱而少有剩食为宜。

③皮貉宜养在棚舍内光照稍弱的地方，防止阳光直射，可提

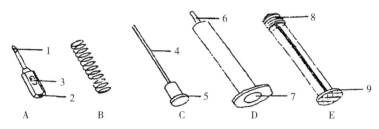

图5-5 褪黑激素植入物皮下埋植器的结构

A. 针头；B. 弹簧；C. 助推器；D. 针管；E. 针管塞

1. 针尖孔；2. 针头孔；3. 投药窗口；4. 助推棒；5. 助推柄；6. 针管头；

7. 针管塞孔；8. 针管塞头；9. 针管塞柄

高毛皮质量。

④及时查看皮貉换毛和毛被生长状况，遇有局部脱毛不净或毛绒缠结时，要及时活体梳毛。

⑤加强笼舍卫生管理，要根治螨、癣类皮肤病。

貉埋植褪黑激素后从埋植日计算，80~100天内为取皮期。即使此时毛皮未达到成熟程度，也要强制取皮。

第六章　貉毛皮加工及副产物利用

貉皮初加工、贮藏等各环节处理不得当，会影响貉皮质量，所以在貉成熟取皮之前，先了解貉皮的结构、被毛的脱换与其在不同季节中的变化形态，以及季节对貉皮品质的影响是很有必要的。

一、貉皮的构造

貉皮是由皮肤和毛两大部分所组成的。

（一）皮肤的结构

皮肤由表皮层、真皮层和皮下组织 3 部分所构成，它们各有不同的生理功能，皮肤一般厚度为 1.5 ~ 2.5 毫米，皮肤的厚度随季节变化而发生变化，貉体各部位皮肤厚度也各不相同。

1. 表皮层：皮肤表皮最薄的一层，约占皮肤厚度的 1% ~ 2%。可分为角质层和生发层两层。

表皮层的厚度，受年龄、部位和季节等的影响，冬季最厚，春、夏、秋季较薄，成年比幼年皮厚，后背部比腹部厚。

2. 真皮层：在皮肤中间层，也是皮肤最厚的一层，约占皮肤厚度的 88% ~ 92%。

真皮层厚度随着被毛脱换而变化。在被毛成熟期，乳头层薄、网状层厚，皮肤薄而紧密、结实耐用；在毛绒脱换期，乳头层厚、网状层薄，皮肤厚而疏松、不耐用。

3. 皮下组织：皮下组织把真皮层与貉的肌体连接起来。它可分为脂肪层和肌肉层，脂肪层厚度与貉的肥瘦及季节有关。该层在裘皮中无用，在刮油时都被清除掉。

（二）毛的结构

毛是皮肤上的角质衍生物，来自表皮的生发层，是一种坚韧而富有弹性的角质细纤维状物，被覆在皮肤的外表。毛中形成空气不易流通的保温层，具有良好的保暖作用。

1. 毛的种类：根据毛是否有主动的感觉机能，将毛分为触毛和被毛两大类，被毛分为上毛（针毛）和下毛（绒毛）两类。

（1）触毛。触毛为具有特殊毛囊和竖毛组织的一类毛，分布于吻端、脸部、四肢等处。是貉的感觉器官之一，颜色单调，呈圆锥形且粗硬，有弹性，毛干直而光滑，起导热、防水、降温作用，其根部有神经末梢，不影响毛皮质量，起测距、定向作用。触毛数量极少。

（2）上毛（针毛）。上毛是毛被中长而粗的毛的总称，与外环境直接接触，光滑耐磨且弹性好。貉的上毛称为针毛，称纺锤型，即毛的远端尖而细、毛的上中段较粗硬，毛干下部细软。针毛位于绒毛中间，比绒毛长，针毛长于绒毛，有弹性，数量约占被毛的3%左右，起导热和保护绒毛不缠结等作用。

（3）下毛（绒毛）。绒毛比针毛短而细，是最柔软、最细的毛，颜色较浅，毛形变曲，毛色一样，数量最多，约占被毛的98%，冬季起护体防寒作用。

2. 毛的形态：貉毛纤维截面为圆形或椭圆形，由外而内分为鳞片层、皮质层和髓质层。

（1）鳞片层。由片状细胞连续叠合构成，鳞片对纤维主体形成保护，会影响貉毛的手感、光泽、卷曲和缩绒性等。其鳞片朝着一个方向生长，一层一层包裹着纤维主体，边缘大多带有一定程度的尖角，且鳞片较厚，翘角较大。鳞片排列为非环形，其形状有锯齿杂波形，多边形，三角形和不规则形。

（2）皮质层。是纤维的重要组成部分，一般由正皮质和副皮质两种皮质细胞组成，通常双边分布，是纤维卷曲的根本原因。

（3）髓质层。结构松散，是衡量裘皮制品的重要指标之一，貉毛普遍有髓质层，其位于纤维的中心位置且髓腔所占的比例较大。

（三）毛的脱换

貉是季节性换毛的动物，它能随着外界环境的季节性变化而发生换毛。换毛是貉为适应自然环境和伪装自己，使自己更好地生存下来的方式。

1. 毛的季节性脱换：

（1）春季换毛规律。貉每年换两次毛。第一次在春季3月底开始，需用3个月时间，完成脱去丰厚的冬毛、长出稀短夏毛的全过程，春季脱换的特点是先从头部、前肢开始脱换毛，其次为背臀部、尾根部，接着为颈肩、体侧部，最后是腹部和尾尖。先是失去光泽，干枯的毛被一片一片脱落，后脱针毛，新夏毛生长的次序与脱换次序相同，8月初冬毛基本脱净。从春天长出的夏毛，在夏初便停止生长，夏季貉毛绒稀疏，皮肤厚、硬呈黑色，利于散温，毛色由白色变成深蓝色。

（2）秋季换毛规律。进入8月底开始脱夏毛，也叫第二次脱换毛，脱换毛顺序是先从后向前，先从尾部、臀部开始，然后向腹部和胁部、逐渐向背部、颈部，最后为头部和四肢。脱出夏毛的同时，冬绒毛和针毛亦按次序同时长出。10月底夏毛脱净，冬毛基本长齐，第二次脱换毛结束，皮肤细腻、洁白，有油性，颜色由深蓝色转变为浅蓝色。11月下旬被毛基本成熟，形成毛绒灵活、丰厚，皮肤薄韧的成熟冬皮，皮肤呈洁白色。貉为皮底晚期成熟类型。

2. 季节性换毛机理：每日光照的长短对貉换毛影响很大，因为自然界光照周期的变化最有规律，所以光照周期的季节性变化也成为貉脱换毛的信号。光周期制约实质是通过松果体分泌的褪黑激素控制。长日照抑制褪黑激素的合成，而当光照长度缩短时，就会减轻这种抑制，结果使褪黑激素水平上升，同时促乳素水平急剧下降，诱发动物夏毛脱落。因此，冬毛生长与自然光照长度、褪黑激素及促乳素紧密相关。人为控制自然光照，如在夏季逐步缩短动物的光照时间，虽能刺激动物冬毛生长、皮板成熟，但此法的推广和应用受到一定限制。采用外源褪黑激素埋植在动物皮下可有效控制冬毛生长，使毛皮提早成熟，大大地降低了饲养成本。

二、取　皮

（一）取皮时间

貉的取皮时间分为 3 个阶段，第一阶段是在大群成熟时期，在 11 月中旬至 12 月中旬，一般成龄貉早于当年貉。第二阶段是在配种结束后，淘汰的公貉和母貉取皮。第三阶段是植入褪黑激素的皮貉取皮。依地理位置、气候条件、饲养水平不同有一定差异，具体取皮时间是要根据个体的毛皮成熟程度而定，一定要等成熟后再取，因为取皮过早、过晚都会影响毛皮质量，从而降低利用价值。

（二）毛皮成熟的鉴定

要取质量好的毛皮除准确掌握取皮时间外，还要掌握观察、鉴定毛皮的成熟程序。鉴定毛皮成熟有以下 3 种观察方法。

（1）毛绒。冬毛生长和成熟最晚的部位是臀部，毛皮成熟的标志是，全身毛峰长齐（尤其看臀部），底绒丰厚，具有光泽、灵活度好，尾毛蓬松。

（2）皮肤。将貉抓住，用嘴吹开毛绒，观察皮肤颜色，毛绒成熟的皮肤呈洁白色。

（3）试验剥皮。试剥的皮板，如整张的板面都呈乳白色，仅爪尖和尾尖略带有青黑色，即可处死取皮。

（三）处死方法

貉的处死方法很多，但都应该本着选择方法简便、处死迅速、人性化、遵从动物福利、不损伤、污染毛皮等为原则确定处死方法。目前常用的方法有以下几种。

（1）药物致死法。常用药物为横纹肌松弛药司可林（氯化琥珀胆碱），按照0.75毫克/千克体重的剂量，皮下、肌内或者心脏注射，貉在3~5分钟内即可死亡。优点是貉死亡时无痛苦和挣扎，不损伤和污染毛皮，残存在体内的药物无毒性，不影响尸体的利用。

（2）心脏注射空气法。即用10~20毫升注射器，将针头刺入心脏（心脏部位在2~3肋间），待看到自然回血时，推入空气20~30毫升，使貉因心脏功能遭到破坏而死亡。此方法不损坏毛皮，被毛不污染。

（3）普通电击法。将常用的220伏特电源两极分别插入貉的口与肛门，使貉因遭电击而死亡。这是目前常用处死貉的取皮方法（民间称"打貉"），值得注意的是要防止人触电。或用连接电线的铁制电极棒，插入动物的肛门，或引逗貉来咬住铁棒，接通220伏电压的正极，使貉接触地面，约1分钟可被电击而死。

（四）剥皮

貉皮剥取的好坏，直接关系到毛皮的质量和产品的售价。因此，必须要严格按照操作规程去做，不可妄为。处死后要尽快剥皮，尸体不要长时间放置，以免受焖而掉毛，或因僵尸冷凉剥皮困难。其具体的操作规程如下。

（1）挑裆。用剪刀从一后肢脚掌处下刀，沿股内侧（后腿里子）长短毛交界处挑至肛门前缘，横过肛门，横过肛门再挑至另一侧后肢脚掌前缘，最后由肛门后缘中央沿尾腹面中央挑至尾的中部，去掉肛门周围的无毛部位。见图6-1。

图6-1　挑裆示意

（2）剥皮。要求将手指插入皮肉之间，借助手指的力量使皮肉分离。剥皮从后肢开始，剥到脚掌前缘时，用刀或剪刀将足趾剥出，剪掉趾骨。剥至尾部处1/3时，用剪柄或筷子夹住尾骨，将尾骨抽出（用力不要过猛，以防拉断）。然后再沿尾腹面中线将皮挑至尾尖，将两后肢一同挂在固定的钩子上，两手往下（头部方向）翻拉皮板，边剥边拉至前肢，成筒状。剥到尿道口时，可将尿道口靠近皮肤处剪断，边剥边撒锯末或麸皮，直到剥至前肢。前肢剥成筒状，到趾骨端处剪断。于腋下顺前肢内侧分别挑开3~4厘米，将前足完全由开口处翻出。剥到头部时，要特别小心，一定要使耳、眼、鼻、唇剥得完整无损的保留到皮板上。注意不要把耳、眼孔割大。

三、毛皮初加工

(一) 刮油

鲜皮皮板上附着油脂、血迹和残肉等，这些物质均不利于对原料皮的晾晒、保管，易使皮板假干、油渍和透油，因而影响鞣制和染色，所以必须除掉，称刮油。为避免因透毛、刮破、刀洞等伤残而降低皮张等级，必须注意以下几点。

（1）为了刮油顺利，应在皮板干燥以前进行，干皮须经充分水浸后方可刮油。

（2）刮油的工具一般采用竹刀或钝铲，也可用刮油刀或电工刀。

（3）刮油的方向应从尾根和后肢部往头部刮。

（4）刮油时必须将皮板平铺在木楦上或套在胶皮管上，勿使皮有皱褶。

（5）头部和边缘不易刮净，可在刮油之后，用剪刀将肌肉剪除。

（6）刮油时持刀一定平稳，用力均匀，不要过猛，边刮边用锯末搓洗皮板和手指，以防油脂污染被毛，大型饲养场可用刮油机刮油。

（二）洗皮

刮油后要用小米粒大小的硬质锯末或粉碎的玉米芯搓洗皮张。先搓洗皮板上的附油，再将皮板翻过来搓洗毛被，以达到使毛绒清洁、柔和、有光泽的目的。严禁用麸皮或有树脂的锯末洗皮，影响洗皮质量。另外，洗皮用的锯末或麸皮一律要过筛，筛去过细的锯末或麸皮，因为太细的锯末或麸皮易粘在皮板或毛绒里，影响毛皮质量。

需大量洗皮时，可采取转鼓洗皮。将皮板朝外放进装有锯末的转鼓里，转几分钟后将皮取出，翻皮筒，使毛朝外，再次放进转鼓里洗皮。为了抖掉锯末和尘屑，再将洗完后的毛皮放进转笼里转。转鼓和转笼的速度要控制在每分钟 18 ~ 20 转，运转 5 ~ 10 分钟即可洗好。

（三）上楦

洗皮后要及时上楦和干燥。其目的是使原料皮按商品规格要求整形，防止干燥时因收缩和折叠而造成发霉、压折、掉毛和裂痕等损伤毛皮。

上楦前先用纸条缠在楦板上或做成纸筒套在楦板上，然后将洗好的貉皮套在楦板上，先拉两前腿调正，并把两前腿顺着腿筒翻入胸内侧，使露出的腿口与腹部毛平齐，然后翻转楦板，使皮张背面向上，拉两耳，摆正头部，使头部尽量伸展，最后拉臀部，加以固定。用两拇指从尾根部开始依次横拉尾的皮面，折成许多横的皱褶，直至尾尖。使尾变成原来的 2/3 或 1/2，或者再短些，尽量将尾部拉宽。尾及皮张边缘用图钉或铁网固定。见图 6-2。也可以一次性毛朝外上楦，亦可先毛朝里上楦，干至六七成再翻过来，毛朝外上楦至毛干燥。

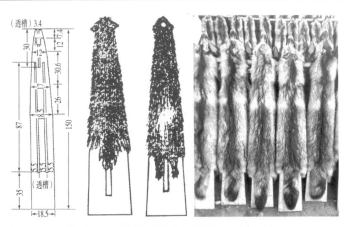

图6-2　貉皮楦板及上楦干燥 (单位：厘米)

（四）干燥

鲜皮含水量很大，易腐烂或闷板，为此必须采取一定方法进行干燥处理。貉皮多采取风干机给风干燥法，将上好楦板的皮张，分层放置于风干机的吹风烘干架上，将貉皮嘴套入风气嘴，让空气进入皮筒即可。干燥室的温度在20~25℃，湿度在55%~65%，每分钟每个气嘴喷出空气0.29~0.36立方米，24小时左右即可风干。小型场或专业户可采取提高室温，通风的自然干燥法。

干燥皮张时切忌高温或强烈日光照射，更不能让皮张靠近热源，如火炉等，以免皮板胶化而影响鞣制和利用价值。如果干燥不及时，会出现闷板脱毛现象，使皮张质量严重下降，甚至失去使用价值。防止焖板脱毛的方法是：先毛朝里、皮板朝外上楦干燥，待干至五六成时，再将毛面翻出，变成皮板朝里、毛朝外干燥。

（五） 整理

干燥好的皮张应及时下楦。下楦后的皮张易出皱褶，被毛不平，影响毛皮的美观，因此下楦后需要用锯末再次洗皮，然后用转笼除尘，也可以用小木条抽打除尘。然后梳毛，使毛绒蓬松、灵活、美观，可用密齿小铁梳轻轻将小范围缠结的毛梳开。梳毛时动作一定要柔和而轻，用力会将针毛梳掉，最后用毛刷或干净毛巾擦净。下楦后的毛皮还要在风干室内至少再吊挂 24 小时，使其继续干燥，见图 6-3。

图 6-3 貉皮整理

（六） 分级检验

参照国家标准《生貉子皮检验方法》（GB/T 9703—2009）、《貉子毛皮》（QB/T 4366—2012） 和《裘皮貉皮》（GB/T 14788—93） 对整理好的皮张进行分级检验、包装及标记。

（七）贮存

贮存条件：温度 5~10℃、相对湿度为 65%~70%，后贮室每小时通风 2~5 次。然后将彻底干燥好的皮张放入仓库内。仓库要坚固，屋顶不能漏雨，无鼠洞和蚁洞，墙壁隔热防潮，通风良好。

为了防止原料皮张在仓库内贮存时发霉和发生虫害，入库前要进行严格的检查。严禁湿皮和生虫的原料皮进入库内，如果发现湿皮，要及时晾晒，生虫皮须经药物处理后方能入库。

对入库的皮张还要进行分类堆放。将同一种类、同一尺寸的皮张放在一垛。垛与垛之间至少留出 50 厘米的距离，垛与地面的距离为 30 厘米，以利于通风、散热、防潮和检查。库内要放防虫、防鼠药物。对库内的皮张要经常检查，检查皮张是否返潮、发霉，这样的皮张表现为皮板和毛被上产生白色或绿色的霉菌，并带有霉味。因此，库房内应有通风、防潮设备。

干燥好的皮张可以装箱，装箱时要求平展不得折叠，忌摩擦、挤压和撕扯。要毛对毛、板对板地堆码，并在箱中放一定量的防腐剂。最后在包装箱上标明品种、等级、数量。箱内要衬垫包装纸和塑料薄膜，按等级、尺码装在箱内。

注意事项：

（1）检查存放的貉皮板上是否带有油脂或残肉，因为油脂会发热升温，容易形成油浸皮板，能把皮板腐蚀成洞，残肉易生虫。所以要细心检查，把皮板上的脂肪、残肉、嘴头、眼睑部位除净。

（2）用锯末或麦麸皮搓洗毛绒，要去掉毛面上的油污。搓洗干净后，把毛绒上的杂质抖净。

（3）用一个木床吊在空中，把整理好的貉皮整齐地存放在上面，撒些樟脑粉防虫蛀，用布包好，防灰尘污染。地上放鼠药，以防鼠害。存放皮张的仓库，要保持通风干燥，雨天时把门窗紧闭，防潮气侵入。

（4）在7~8月高温季节（30℃以上），注意降温，屋顶上加盖遮阳层。张家口、承德地区，气候凉爽，易保管。特别在河北省中南部，高湿、高温天气，在阳光充足时，门窗遮阳防晒，在温度低时，通风换气。有条件的地方，夏天最好存放在恒温库中。

（5）在存放过程中，经常检查。最好过一段时间，在通风阴凉处晾晒风干，以免受潮。

（八）运输

原料皮必须经过检疫、消毒后方能运输，以防疫病的传播。原料皮运输时要注意以下几点。

（1）梅雨季节或阴雨天及雨雪天气，都不适宜运输。

（2）运输车厢须保持干燥、清洁，并能保持一定的温度和湿度。

（3）装卸车时，尽量保持库存时的原形，特别是冻干皮，更不宜重新折叠。

（4）搬运原料皮时，要抓捆皮绳，勿机械折断，也不应抓皮张四角搬运，以免撕破皮张。

（5）运输时要避免高温和火种。

四、影响貉皮质量的因素

貉皮是养貉业的主要产品之一，其毛绒品质、毛色、板质、张幅及毛绒密度等，决定了养貉的经济效益和市场竞争能力。影响制貉皮质量的因素很多，也很复杂，简要概述如下。

（一）种兽品质对毛皮质量的影响

与毛皮质量直接相关的种兽品质，主要表现在如下几个方面。

（1）毛色。要求有本品种或类型固有的典型毛色和光泽、人工培育的新色型要求新颖而靓丽。貉宜向乌苏里青壳貉的毛色选育，即针毛黑至黑褐色、底绒青至青灰色。

（2）毛质。人工养殖的毛皮兽无论大毛细皮、小毛细皮均要求针、绒毛向短平齐的方向选育，针、绒毛长度比适宜，背腹毛长度比趋于一致；针、绒毛的密度则应向高的方向选育，毛粗度宜向细而挺直的方向选育。

（3）毛皮张幅。毛皮的张幅是按标准值及上楦后的皮长尺码来衡量的。决定皮张尺码的大小因素主要是皮兽的体长及其鲜皮的延伸率。体长及鲜皮延伸率越大，其皮张尺码亦越高。因此，种兽的选育宜向大体型和疏松型体质的方向选育。

（二）地理位置对毛皮质量的影响

人工养殖毛皮动物一定要在适宜的地理纬度内，即北纬30°以北区域，同时应择优在饲料条件好的地区集中养殖，以生产质量一致的优质毛皮。北貉皮产于黑龙江省的黑河、抚远、饶河、虎林、密山等地，其张幅大，板肥厚，脂肪丰厚，毛绒长而密，尾短毛绒紧，光泽油亮，呈青灰色，质量最佳。南貉皮产于江南各省，质量比北貉皮毛峰短，底绒空，但比北貉皮鲜艳美丽，而且轻便。

（三）局部饲养环境对毛皮质量的影响

局部饲养环境主要指人工提供的棚舍、笼箱、场地等小气候条件。有棚舍、笼箱条件的皮兽比无棚舍、笼箱条件的毛皮质量要优良；暗环境饲养的皮兽较明亮环境下的毛皮质量优良；较湿润的环境比较干燥和潮湿条件下的毛皮品质优良。人工饲养应充分给皮兽创造有利于毛皮品质提高的局部环境条件。

（四）季节对毛皮质量的影响

不同季节动物毛被的色泽、密度、粗细度、长度以及皮板的厚度、强度等，都有明显的差异。因此，适时掌握取皮时间，在人工饲养的毛皮动物屠宰前应进行毛皮成熟的鉴定。

（1）冬皮毛。绒紧密，光泽柔润，峰毛高挺平齐，皮板洁白，即到成熟期。产季稍早的，虽毛绒成熟达到冬毛程度，但尾根和臀部皮板呈暗灰色。

（2）晚秋皮。毛绒略短，有光泽，峰毛平齐，接近成熟期，臀部呈较大面积青灰色。

（3）秋皮。毛绒粗短稀薄，毛色暗淡，峰毛短略平，皮板的背、臀部呈黑色。

（4）早秋皮。毛绒粗糙，短而空，整皮板呈黑色。

（5）早春皮。毛绒长而底绒略显稀薄，毛色发暗，皮板呈黄红色或老黄色。

（6）春皮。毛长绒稀，暗淡无光，毛绒轻度粘结，皮板发黄而脆。

（7）晚春皮。毛绒渐脱落，焦脆，皮板枯干。

（五）饲养管理对毛皮质量的影响

饲养管理对毛皮质量的影响，主要体现在饲料与营养、冬毛生长期皮兽管理和疾病防治3个方面。

（1）饲料与营养。毛被的生长发育主要依赖于动物性蛋白质，故饲料和营养应保证蛋白质尤其是皮兽冬毛生长期蛋白质的需要。

（2）冬毛生长期皮兽的管理。主要是创造有利于冬毛生长的环境条件，增强短日照刺激、减少毛绒的污损，遇有换毛不佳或毛绒缠结，应及早活体梳毛处理等。

（3）疾病防治。疾病有损皮兽健康和生长发育，间接影响毛皮的品质；某些疾病还会直接造成皮肤、毛被损伤而降低毛皮质量。加强疾病防治，尤其是代谢病和寄生虫病的防治，也是提高毛皮质量的重要措施。

（六）加工质量对毛皮质量的影响

毛皮初加工和深加工对其质量亦有很大影响。初加工中尤其应注意下列几个问题。

（1）毛皮成熟鉴定和适时取皮。应准确进行皮兽个体的毛绒成熟鉴定，成熟一只取一只，成熟一批取一批。尤其埋植褪黑激素的皮兽更要注意，过早取皮易使皮张等级降低，过晚取皮则影响毛绒的灵活和光泽。

（2）开裆要正。否则影响皮型的规范，也降低皮张尺码。

（3）刮油要净。尤其颈部要刮净，否则影响皮张的延伸率或干燥后出现塌脖的缺陷。

（4）规范楦板。上楦要使用标准楦板，上规范的商品皮型。

（5）干燥的温湿度适宜。最好采用吹风干燥，其他用热源干燥时温度和湿度均勿超高，否则闷板而掉毛，将严重降低皮张的质量。

（6）伤残痕迹。

①刺脖。貉子在冬天习惯缩脖栖息，颈部常出现毛绒短矮，毛质次弱，底绒稀落，甚至粘结。

②癞貉子。由于小室潮湿，易引发貉皮肤病，体质衰弱，从毛皮表面上看，峰毛稀疏、枯燥无光，底绒粘乱，皮板表面有

癞痂。

③油烧板。因貉子皮油性大，脂肪刮得不净，使皮板受到油的侵蚀而造成烧板。

④贴板。新鲜的皮板未能及时上楦晾干，而使皮板贴在一起，在加工时贴板处会掉毛。

⑤流沙和掉毛。皮板受热或受闷，使针毛脱落者为流沙，毛绒整皮脱落者为掉毛。

⑥拉沙。即毛峰磨损，轻者毛峰尖被磨秃，重者伤及绒毛。人工饲养的貉，如果小室的出入口狭小，常出现这种情况。

⑦塌脖。秋季和春后换毛期产的皮，颈部底绒欠缺或无绒，即称塌脖。

⑧塌脊。秋末产的瘦弱皮，脊背部毛短稀，绒空薄，即称塌脊。

（7）正确的整理和包装。干好的皮张及时下楦、洗皮、整理和包装。洗皮不仅除去毛绒上的尘埃污物，而且明显增加美观度。整理包装时切勿折叠和乱放，保持皮张呈舒展状，勿用软袋类包装。

影响毛皮质量的因素很多，人工养殖场必须采取选种、育种，加强饲养管理，创造适宜的环境条件和提高毛皮加工质量等综合性技术措施，来努力提高毛皮质量。

五、貉的副产品开发

貉除了皮张珍贵外，取皮后的副产品也有很高的经济价值。

（一）貉肉

貉肉细嫩鲜美，营养价值高，不仅是可口的野味佳品，而且还有药用价值，据《本草纲目》记载，记载貉肉甘温、无毒，可治元脏虚痨及女子虚愈是治疗妇女寒症的特效药。

1. 蒸貉肉香肠：

（1）主料。貉肉、肠衣若干。

（2）调料。白酒、精盐、味精、酱油、葱姜汁。

（3）制法。

①将貉肉洗净切小块，放盆内，加入精盐、味精、酱油、白酒、葱姜汁拌匀，腌渍几小时。装入肠衣扎成节，挂通风处晾干水汽。

②取貉肉香肠 2 段，放入盘中，入笼蒸 30~40 分钟，出笼晾凉切片，装盘上桌。

（4）功效。貉肉香肠具有滋补强壮、开胃的功效。用于治疗虚弱羸瘦、营养不良、食欲不振、消化不良等病患者。

2. 清炖貉肉：

（1）主料。貉肉 500 克。

（2）调料。料酒、精盐、胡椒粉、酱油、葱段、姜片。

（3）制法。将貉肉洗净，放入沸水锅中焯一下，捞出洗去血污切块，投入热锅内煸炒几下，烹入料酒、酱油煸炒几下，加入精盐、葱、姜和适量水，武火烧沸，撇去浮沫，改为文火炖至肉熟烂，撒入胡椒粉，推匀出锅即成。

（4）功效。貉肉具有滋补强壮，开胃之功效。清炖貉肉适用于劳虚羸瘦、营养不良、四肢乏力、腰膝酸软等病症患者食用。健康人食用强身少病。

（二）其他

（1）胆囊。干燥后，可代替熊胆入药，治疗胃肠病和小儿痫症。

（2）睾丸。可治中风等症。

（3）背部刚毛、尾毛。制高级化妆刷、毛笔。

（4）粪。优质的有机肥料。

（5）油。提取可制成防冻防裂霜，对皮肤防冻防裂效用好，可用于保护皮肤，适用于野外寒冷作业工作人员使用。貉油还可用于护肤霜、洗发乳、洗面奶等化妆品的配制。

第七章　貂疾病诊治

一、基本知识

（一）养貂场的防疫卫生

1. 建立经常性的卫生防疫制度：

（1）貂场出入口应设消毒池（槽），内装生石灰，一切人员进入貂场必须经此消毒。

（2）貂场工作人员必须在入场后更换工作服和胶靴，严禁将工作服穿出场外，工作服应定期消毒。非本场人员不得随意进入貂场。

（3）随时注意附近畜、禽及野生动物的疫情，及时采取预防措施。

（4）引进种貂要来自无疫病污染的健康场，引种时必须进行检疫，入场后先要隔离饲养15天，确认健康方可混入大群。

（5）严禁猫、狗窜入场内，并做好灭鼠工作。

（6）对病貂应早期诊断和及时治疗，死亡的尸体必须在指定地点进行病理剖检，检后的尸体和污物应焚烧或深埋，用过的器械应进行彻底消毒，皮张按规定消毒后方可利用经常清理粪便，运到离貂场500米以外堆积，进行生物热处理。

2. 搞好饲料卫生：

（1）采购员不从疫区购买饲料，保管员不收变质饲料，调料员不配变质饲料，饲养员不喂变质饲料。

（2）凡进入饲料室的饲料必须经过检查，严格执行卫生检疫制度。

（3）新鲜饲料可生喂，轻度变质饲料可用高锰酸钾液洗涤后生喂或蒸煮后饲喂，严重变质饲料不准饲喂。

（4）生熟冷热以及各类饲料要分别存放，饲料不可反复冻融，也不要突然改变饲料配方与日粮结构。

（5）饲料调制速度要快，每次应在临分食前完成，调制后对加工器械和用具要及时洗刷干净。

3. 加强消毒工作：消毒是最理想的防疫手段。貉场主要的消毒方法有物理消毒法、生物消毒法、化学消毒法。

（1）物理消毒法。如清扫、日晒、干燥、紫外灯照射及高温消毒。

（2）生物消毒法。主要是对粪便、污水或废物作生物发酵处理。

（3）化学消毒法。即用化学药物杀灭病原体。消毒时要根据消毒对象选用合适的消毒方法。消毒药物选择原则上要选用优质、高效、安全、低毒、不损害被消毒物品、不会在貉及其产品中残留、在消毒环境中比较稳定、不易失去作用、使用方便和价廉易得的消毒药物；按照药品说明书，进行药物配制。不可凭主观随意配制；消毒时要尽可能降低对貉的负面影响；同时要注意人身安全。

貉饮食用具应每周以0.1%高锰酸钾溶液消毒一次，笼舍和地面定期于三前（配种前、产仔前、分窝前）二后（检疫后、取皮后）以火焰或石灰乳、1%~3%氢氧化钠溶液、1∶300农福喷洒消毒一次，工作服和捕捉工具可每月消毒一次（用紫外线消毒30分钟或流通蒸汽消毒30分钟），饲料加工调制机械和用具，在每次加工使用后，当即用0.1%高锰酸钾或热碱溶液洗刷消毒。

4. 定期预防接种：接种疫苗可有效地预防传染病的发生。目前，对貉病我国已生产犬瘟热疫苗、犬细小病毒肠炎疫苗、狂犬病疫苗、肉毒梭菌疫苗等。免疫期一般为 6 个月，每年可于 7 月和 12 月各注射一次。各种疫苗的用量、用法及注意事项可参照所附说明书。预防注射要求及时、准确、不漏注，疫苗采购、运输、保存与使用要合理，切忌用失效疫苗，以免贻误预防时机。

5. 发生传染病的扑灭措施：发生传染病时，应立即向有关部门报告，并组织有关人员采取紧急预防措施。要对疾病及时进行诊断，早日确诊并得到有效治疗，本地不能确诊应立即送检病料。对貉群进污全面检疫，隔离病貉。被病貉污染的环境、笼舍、小室、用具等，应立即消毒。病性确定后，为迅速控制和扑灭疫病的流行，应进行紧急预防接种（假定健康群），以挽救未感染貉（病貉不注），提高貉群的免疫力和抗病力。

（二）貉病防治的基本原则

"以防为主，防重于治"是貉病防治的基本原则。与家畜比较，貉对一般疾病有较强的抵抗力，因此常常不显露早期症状，经验不足或观察不仔细则难以发现，等到症状明显时一般多已病重，如果医治不及时效果不佳。

在诊疗上要"早发现，早诊断，早治疗"。要做到这一点，就应经常对貉群作细心观察，每日喂貉时可以从貉的精神状态、饮食欲、排粪尿等过程中及时发现病例。

在药物应用上应根据貉的特点加以考虑。在确定病性以后，用药必须掌握少而精的原则。即所用药物的体积不宜过大，投药的次数不要过多，药物的剂型要注意使用方便。尽可能选用那些使用方便、药效持久和作用迅速可靠的特效药物。在药物投给上，能通过饲料给药或自食的不应强行灌服，能皮下或肌内注射的不要静脉注射，能在通常情况下进行的不宜保定进行，以减少对貉的惊扰和不必要的损伤。

（三）貉病防治的技术规程

1. 疫苗接种和免疫规程：

（1）疫苗接种程序。对湿冻苗事先用冷水令其快速解冻；注射器与针头煮沸，消毒备用；一貉一换针头；注射部位先用2%碘酊擦拭后，再以75%的酒精棉球脱碘消毒后注射，亦可直接以酒精棉球消毒后注射；抽药前必须充分振荡疫苗，使之均匀，并要仔细检查疫苗瓶有无裂缝、瓶盖有无松动、形状是否有改变；凡确定有异常疫苗不能使用。无论是冻干苗还是常温保存苗，每瓶启用后应一次用完。注意一定要按疫苗使用说明书操作。注射疫苗时，药液不能随地泄漏或注射在毛被上，用完疫苗后的空瓶不准随地乱扔。

（2）疫苗的免疫规程。

①犬瘟热弱毒疫苗。皮下注射3毫升，每年免疫2次，间隔6个月，仔貉断乳后2~3周接种。冰冻运输，于-15℃以下保存。融化后要在24小时内用完。

②病毒性肠炎。灭活疫苗皮下注射3~4毫升，每年免疫2次，间隔6个月，仔貉断乳后2~3周后接种。常温运输和保存，严防解冻。

③阴道加德纳氏菌灭活菌苗。肌内注射1毫升，每年免疫2次，间隔6个月。常温运输和保存，严防结冻。

④绿脓杆菌多价灭活菌苗。肌内注射2毫升，每年免疫1次，仅供配种前15~20天的母貉使用。常温运输和保存，严防结冻。

⑤巴氏杆菌多价灭活菌苗。肌内注射2毫升，每年免疫2次，仔貉断乳后2~3周后接种。常温运输和保存，严防结冻。

2. 临床常用药物的使用规程：应坚决执行《兽药管理条例》《兽药管理条例实施细则》《中华人民共和国药品管理法》和《中华人民共和国兽药典》等有关国家规定。

（1）病毒性疫病的用药规程。

①犬瘟热。一旦确诊患犬瘟热时要立即紧急接种疫苗，剂量是预防量的 2 倍；对症治疗可投服抗生素控制继发感染，可选用庆大霉素、恩诺沙星及氟苯尼考等口服或肌内注射；发病初期可用高免血清皮下多点注射或静脉注射。

②病毒性肠炎。一旦确诊患病毒性肠炎，要立即紧急接种疫苗，剂量是预防量的 2 倍；对症治疗用抗生素控制细菌继发感染；用高免血清皮下多点注射进行特异治疗；对笼舍、地面要每日进行 1 次喷雾消毒。

（2）细菌性疾病的用药规程。

①革兰氏阳性菌。治疗葡萄球菌、链球菌、魏氏梭菌、破伤风杆菌、炭疽杆菌、李氏杆菌等感染引起的疾病，可用氨苄青霉素、红霉素和螺旋霉素等治疗。

②革兰氏阴性菌。治疗大肠杆菌、沙门氏菌、志贺氏杆菌等感染引起的疾病，可用庆大霉素、链霉素和卡那霉素等治疗。

③革兰氏阳性菌和革兰氏阴性菌混合感染。用氨苄青霉素、庆大霉素、土霉素、磷霉素及环丙沙星等抗生素；磺胺类药物亦属于广谱抑菌药物，均有疗效。

④中药疗法。可选用黄连素、穿心莲、双黄连注射液、大蒜素、板蓝根及大青叶等治疗细菌性感染的疾病。

（3）消化系统疾病的用药规程。

①抗菌消炎。用庆大霉素、卡那霉素、黄连素、诺氟沙星、环丙沙星、磷霉素、土霉素、磺胺脒和穿心莲等药物。

②助消化。用维生素 B_1、乳酶生和胃蛋白酶等治疗。

③敛止泻。用药用炭、鞣酸蛋白和次硝酸铋等治疗。

④消化道止血。用止血敏、仙鹤草素和维生素 K_3 等治疗。

⑤治酵消沫。用鱼石脂、大蒜酊、松节油、植物油等治疗。

⑥止吐。用胃复安、胃得灵、呕必停、艾茂儿、维生素 B_6、阿托品及氯丙嗪等治疗。

（4）呼吸系统疾病的用药规程。用青霉素、红霉素、庆大霉素、氨苄青霉素、麦迪霉素、乳酸环丙沙星、链霉素、氧氟沙星、氟苯尼考、复方新诺明、磺胺嘧啶、板蓝根及大青叶等治疗。

（5）泌尿系统疾病的用药规程。用青霉素、庆大霉素、阿莫西林、复方新诺明、诺氟沙星、环丙沙星、氧氟沙星、小诺霉素及磷霉素等治疗。

（6）寄生虫病的用药规程。

①螨虫。用阿维菌素、多拉菌素（通灭）和伊维菌素等治疗。

②真菌感染。口服灰黄霉素，外用制霉菌素、克霉唑及派瑞松等治疗。

③蛔虫。于每年 1~8 月定期驱虫；治疗可选用驱蛔灵、左旋咪唑、阿维菌素、速效肠虫净及多拉菌素等治疗。

④附红细胞体。可选用伊维菌素、多拉菌素、四环素及盐酸土霉素等治疗，结合用维生素 B_{12}、维生素 B_6、硫酸亚铁和维生素 C 效果更好。一般 4~5 天即治愈。

（7）营养代谢性疾病的用药规程。

①维生素 A 缺乏。治疗量繁殖期为每日每只 2 000~2 500 单位，非繁殖期为 500~800 单位，预防量为每日每只 500~1 000 单位。

②维生素 E 缺乏。治疗量为每千克体重 5~10 毫克，亚硒酸钠 0.1 毫克同时用效果好。

③维生素 C 缺乏。治疗量为 3%~5% 的抗坏血酸溶液每只每

日 2 次，每次 1 毫升滴入口中，直至症状消失；预防量在母貉妊娠期每日每只 30~50 毫克补喂。

④维生素 B_1 缺乏。治疗时每日每只口服 3~5 毫克或肌内注射 0.5 毫克。

⑤维生素 B_2 缺乏。治疗时可每日每只口服 3~3.5 毫克。

⑥维生素 B_7 缺乏。提倡非经肠管给药，每次每只 0.5~1 毫克，每周 2 次，直至症状消失。

⑦缺硒。5 个月龄以内的幼貉用 0.1% 的亚硒酸钠肌内注射 1.1 毫升，口服 1.5 毫升治疗；5 个月以上的貉肌内注射 1.5 毫升，口服 2 毫升治疗。若结合用维生素 E 肌内注射或口服 5~10 毫克，效果更好。

（四）疾病发生的一般规律

认识和掌握貉病发生的规律，有助于防治工作的开展，特别是能够主动地做好预防工作。貉病的发生受许多因素的影响，如年龄、性别、季节、其他动物的疾病等。饲养者应掌握这些规律，做到心中有数，有的放矢。

1. 年龄：年龄的差异主要表现在多发和常发疾病的不同。幼貉，特别是刚离乳的幼貉，由于消化系统发育不完全，防御屏障机能尚不健全，易患胃肠道和维生素缺乏症（如红爪病）。老龄貉由于代谢机能与免疫功能减退、体质下降，患病率高、抗病力弱，且多预后不良，在发生组织创伤时伤口愈合较慢。

2. 性别：母貉疾病相对要比公貉多。由于母貉要繁殖仔貉，其中，产科疾病占一定比例。母貉难产、流产、惊恐症、乳腺炎、缺乳较为常见。公貉主要以尿结石、湿腹症等呈散发。

3. 季节：不同季节中貉的发病率和多发病、常发病种类不同。1~3 月，气温明显下降，各种传染媒介及病原体的繁殖均受到一定限制，病例较少，易散发感冒、肺炎，配种期易发生咬伤，怀孕期可因饲料突变、变质引起剩食和拒食，以致造成妊娠中断，此期传染病暴发也较少见。4~6月为貉的产仔季节，发病率相应增多，主要是流产、难产、惊恐症、缺乳、红爪病，仔貉消化不良等。7~9月为酷暑盛夏，各种细菌、病毒活动猖獗，而且饲料容易腐败变质，易引起中暑、中毒、各类胃肠炎等，该季节易发生传染病，应加强饲养管理和卫生防疫工作。10~12月，如果饲养管理得当，发病率明显下降，但有尿窝症散发，要加强防寒保温工作，注意换晒小室垫草。

4. 其他疾病：很多疾病能在各种动物间相互传播和感染，如犬瘟热、犬细小病毒性肠炎、狂犬病、炭疽等。当貉场附近有这些疾病流行时，应及时采取有效的预防措施。

（五）临床检查方法

貉病的检查可通过对病貉的全面系统的临床诊断、尸体剖检、实验室检验等综合方法进行。

1. 临床诊断：总括起来可归纳为"七看三查"。

（1）七看。

①看被毛与皮肤。健康貉体表完整无损，被毛平顺有光泽，毛绒丰厚细密，针毛长而灵活，按时脱换毛，多数患貉被毛蓬乱无光，换毛不完全或不按时脱换，被毛有缺损，皮肤裸露，有食毛和脱毛非换毛季节现象，有皮肤寄生虫、肿块、外伤，出现尿湿，通过触诊可检查肿块的温度、硬度，是否可以移动以及疼痛等反应。凡被毛粗乱无光，不按期脱换毛，皮肤硬实无弹性，骨骼明显外露者为营养不良，主要是慢性疾病、寄生虫等所引起的。

②看精神状态。正常笼养貉活动不灵活，性情较温顺，听觉不十分灵敏，多疑，常在运动场上休息和睡觉，闻声窜入小室躲藏。患病貉则精神沉郁，不愿行走，反应迟钝，常蜷曲卧于小室

内，有的肢体麻痹，以致昏迷，个别患貉则由于神经系统的疾病而出现烦躁不安、步态不稳、摇头或做圆周运动，出现尖叫如中暑、中毒、犬瘟热，受轻微刺激常引起极强烈的反应，攻击人或扑咬笼网如狂犬病。

③看姿势状态。观察貉起卧、运动、体位的姿势对诊断疾病很有价值。患貉常出现全身骨骼肌强直性痉挛、运动受阻、咀嚼和吞咽困难、流涎、尾根抬起或偏向一侧，畏声响，在受刺激时尤甚（如破伤风）；先兴奋，后意识障碍，最后后躯或四肢麻痹（如狂犬病）；三肢跳跃运动，且患肢摇摆（如骨折或脱臼），当危急病症和疾病后期，患貉多卧地不起、四肢麻痹。

④看尿液性状。正常尿液呈透明浅黄色。淡红色或咖啡色为含血尿，主要见于膀胱炎、肾炎、尿道出血呈褐色或黄绿色为含胆汁尿，见于肝、胆炎症、尿窝症、尿窝病。另外，根据阴道分泌物的性质、颜色可区别流产、难产、子宫内膜炎等。

⑤看可视黏膜变化。可视黏膜包括眼结膜、鼻黏膜、口腔黏膜、直肠和阴道黏膜。正常时颜色为淡红色。观察可视黏膜能反应机体血液循环状况，黏膜苍白为贫血的特征，常由慢性疾病、寄生虫、内出血等引起；结膜发红，呈枝状充血，多见于脑炎、中暑、高热；膜黄染，多见于肝肾变性、寄生虫、溶血性疾病；黏膜出血，多见于巴氏杆菌、炭疽；黏膜发绀，多见于心力衰竭、食盐中毒。眼睑肿胀，有黏液性至脓性分泌物，甚至将上下眼睑粘连一起，多见于犬瘟热、维生素 A 缺乏症。

⑥看饮食和粪便。包括以下 3 个方面。

a. 食欲：食欲分为减退、废绝、亢进。同时注意采食当中咀嚼、吞咽有无异常现象，有无呕吐症状，有无流涎表现。

b. 饮欲：饮欲增加多见于伴有发热的疾病、腹泻、食盐中毒等，以及新陈代谢旺盛时（配种期的公貉，产仔期的仔貉）；饮欲不佳是多种疾病的症候，饮欲废绝一般是疾病的后期，如不及时补液很容易造成患貉死亡。

c. 粪便：应注意其形状、颜色、气味和数量，健康貉的粪便呈圆柱形长条状，一般呈黄褐色根据饲料种类不同而有差异，饲喂同一饲料的貉群，排便颜色应基本一致，有光泽，柔软。当普通胃肠炎卡他性、出血性时，粪便常混有黏液、脓液、假膜、血液或其他异物，颜色呈灰色、黄绿色、蛋黄色、绿色、粉红色，性状为黏稠、稀软、胶冻样、水样便，也有的干硬如羊粪。貉传染性肠炎初期粪便呈黄色牛粪状，进一步呈黄色或污绿色粥状便，有恶臭，再进一步发展为粉红色或混有血液的水样便。

⑦看鼻镜和呼吸。正常鼻镜湿润发亮。鼻镜干燥是发热的表现，鼻镜皮肤龟裂、被覆干燥痂皮见犬瘟热等病。正常鼻黏膜湿润淡红，只有少量无色透明液体，但不流鼻汁。当患犬瘟热、感冒、肺炎时，鼻黏膜发炎、肿胀，流出浆液性至黏液性或脓性鼻汁，有时伴有鼻孔堵塞现象，肺坏疽时鼻汁有恶臭味，有时伴有咳嗽。正常为胸腹式呼吸。当胸腔疾病气胸、胸膜炎、肺炎时呈腹式呼吸为主，当腹腔疾病腹膜炎、腹水、胃肠膨胀时呈胸式呼吸为主。正常呼吸节律 23~24 次/分钟。频率增加见于热性病和心肺、胸膜疾病，频率减少见于中毒、濒死期和上呼吸道感染等疾病。

（2）三查。

①查体温。用体温计插入肛门直肠内 3~5 分钟记录结果，正常体温为 38.2~40.5℃，超过体温范围 0.5℃ 以上为发热。体温升高见于各种传染病和全身性感染，部分炎症也可引起发热，体温下降，多见于中毒、失血、濒死期。

②查心跳次数。捕捉患貉休息 10 分钟后听取心音或触诊尾中动脉，正常为 70~146 次/分钟。频率加快多见于发热性疾病和心、肺疾病，减少多见于中毒症、濒死期。

③查呼吸数。以每分钟腹围活动的次数为呼吸次数，正常的

呼吸是均匀而有节律的，一般为 23~43/分钟。

2. 尸体剖检：

（1）剖检程序及病理变化。剖检人员应穿好工作服和胶靴，戴手套、口罩，记录剖检病貉号码、年龄、性别、死亡时间、临床诊断情况，并做好剖检记录。

①外表检查。检查尸体营养状况，尸体消瘦多见于慢性疾病，肥胖多见于急性病。同时注意体表有无外伤、肿胀、脱毛等现象。尸僵，一般情况下尸体在数小时内发生，同一条件下急性死亡或肥胖貉多见，肌肉发生强烈收缩的病如破伤风发生较快，尸僵不全多见于败血症。尸斑，动物心脏停止跳动后，由于重力作用血流向最低部位呈青紫色，可确定动物的死亡体位和姿势。尸腐，由于酶类的作用尸体很快腐败，肥胖和败血症死亡的尸腐发生较快，这样的尸体诊断价值不大。天然孔变化，口腔流出泡沫样液体如狂犬病或血液如炭疽。

②皮下检查。皮下脂肪的颜色，有无肿胀，出血、浸润以及淋巴结的变化。

③肌肉检查。颜色、光泽、有无出血、淤血、坏死。肌肉有白色条纹常见于白肌病，肌肉呈暗红色常见于食盐中毒。

④剖腹检查。有无异味，蒜味多为砷中毒，葱味多为磷中毒。腹腔有无渗出物及其颜色、数量，有血液为内脏破裂，有粪便为胃肠穿孔或破裂。肝脏外形大小重量和体积、质地、边缘、小叶是否清晰，有无出血以及切面变化。肾脏形状大小，有无肿胀、包膜剥离情况。切开后观察肾皮、髓质界线，有无出血、坏死、梗死和脓肿，有无结石。脾脏大小、颜色及切面情况，脾髓、脾小梁和滤泡是否明显。胃肠浆液、黏膜的颜色，有无出血、充血、溃疡灶，肠系膜淋巴结的变化。膀胱浆液、黏膜有无出血、肿胀、结石。子宫状态，有无出血、充血、胚胎。见图 7-1。

图 7-1　貉尸体剖检

⑤剖胸检查。检查胸液的数量、颜色、性质，渗出物的性质浆液性、纤维素性、化脓性，有无粘连，胸膜是否有出血斑点。心包有无炎症，心包液的数量和性质，有无出血斑点，心内外膜的变化。肺脏颜色、大小、质地，气管内有无分泌物以及性质。正常肺浮于水面，水肿肺沉于水中，肝变肺沉于水底，气肿肺漂于水面。

⑥脑的检查。打开颅腔，观察脑膜有无出血、充血、淤血，是否有肿瘤。脑膜充血现象主要见于狂犬病、中毒、中暑等疾病。

（2）病料的采取。

①检查细菌。无菌采取液体病料盛装在灭菌的试管或小瓶中，加塞密封固体病料可存放于甘油缓冲盐水中。

②检查病毒。低温是保存病毒的重要条件，采取的病料应尽快冷藏。无菌采取的液体病料可直接装入灭菌的试管或熔封在细玻璃管中，固体病料可浸入 50% 甘油缓冲盐水中。

③病理检查。选择病变与健康交界处的组织，切取 3~5 块，

每块不小于 1 厘米×1.5 厘米×1 厘米, 固定液为 10% 福尔马林溶液 (固定脑时浓度为 5%)。

(3) 病料的送检。采取的病料应立即送检。短时间内 (夏季不超过 20 小时, 冬季不超过 2 天) 可将病料放入冰块的保温瓶中送到检验单位, 短时间不能送检的, 必须用化学药品保存。供细菌学检查的放于 50% 甘油缓冲生理盐水中, 供组织学检查的放于 10% 福尔马林溶液中。如需邮寄, 可用油纸、油布包装好, 装入小箱内密封投邮。

(4) 实验室检查。基本与畜禽兽医常规检查一致。只是血检时, 采血部位为趾部和隐静脉, 弃去第一滴血后采血, 采血后局部要消毒。有关细菌检查、细菌培养、动物试验、病毒包涵体检查以及间接血凝试验等, 将在貉传染病部分讲述。

(六) 貉病的治疗技术

1. 貉的捕捉与保定: 徒手保定时可一手持木棍在貉眼前晃动以分散其注意力, 另一只手瞅准机会迅速抓住尾巴, 并从笼中拉出提起, 将颈部夹在腋下, 或将其固定在地上或操作台上, 如有捕捉板、捕捉钳、捕捉网或捕捉套等, 可用其卡住貉颈部或兜住全身, 在助手协助下即可进行诊治。也可采用药物保定法, 即用 2% 淀粉溶液将水合氯醛稀释成 10% 的溶液给貉灌肠 (水合氯醛用量为 0.3~0.5 克/千克体重)。或用氯胺酮肌内注射, 剂量为 6.5~9 毫克/千克体重。

2. 给药方法:

(1) 消化道给药方法。

①口服法。对于尚有食欲的貉, 可将药物混入饲料内任其采食; 对于食欲欠佳或药物异味较大不宜自食的, 可将药物粉碎后混以矫味剂 (蜂蜜、白糖) 调成糊状, 用木棍或镊柄等将药涂于病貉舌根或口腔上颚部, 让其自行咽下。大群投药时, 要特别

注意计算好用药量和将药物与饲料混合均匀，以免出现药物中毒或药量不足。

②胃管投药法。当病貉拒食，药物剂量大或需补充水分及中毒时洗胃，可采用胃管（人用鼻饲管或导尿管）经口（用带孔木棒）轻轻插至咽部，待貉吞咽时顺势插入食管内，深度 22~26 厘米，另一端连接漏斗或注射器，即可进行洗胃、投药、排气等，但要防止误投入气管内，造成异物性肺炎或因窒息而死亡。

③直肠灌注法。将药物直接通过肛门注入直肠内，药物既可在局部发生作用，也可通过直肠黏膜吸收发生作用。常用于麻醉、缓泻、补液、手术前清理肠道等。可使用导尿管，一端插入直肠 8~10 厘米，另一端连接漏斗或注射器。药液注入肠内取出胶管后捏紧肛门 5~10 分钟，使药液充分在肠内发挥作用，此法用药不被肝脏破坏。灌注前器具应注意消毒，药液温度应接近体温。

（2）注射给药方法。注射是一项常规治疗技术，当动物不能经口给药或药物在肠道内易被破坏和很难吸收，而又需要迅速发挥药效时均采用此法。

①皮下注射。注射的部位可选择皮肤疏松、皮下组织丰富而又无大血管处，如腹下、股内侧、肩胛、颈部。注射时无须剪毛，用70%酒精或无色碘配消毒。无刺激性的药物或皮下吸收迅速的药物应采用皮下注射。还可应用于补液（等渗溶液），但用量一般不超过120毫升，分多点注射。

②肌内注射。是临床上最常见的给药方法，较皮下注射吸收快。一切不适宜皮下注射，有刺激性的药物或油质性注射液，应采用肌内注射。部位选择肌肉丰富的颈部、臀部、股内侧。用左手拇指和食指压住注射部肌肉，右手持注射器，稍直立迅速进针。

③静脉注射。若注射的药物刺激性大，输液量多，急救注射迅速吸收，应采用此法。部位为颈静脉或后肢隐静脉，以人用5~7号针即可。补液数量要视心脏和脱水程度而定，输液速度宜慢。注射时要严格消毒，防止药液漏在血管外或将空气注入血管内。

④腹腔注射。是常用的补液手段，效果与静脉输液几乎相同。药物要选择生理等渗溶液、无刺激性。补液量大要预温后注射，以减少刺激和感染。并且要确实无菌注射，以免不慎造成腹膜炎。

（3）子宫洗涤法。此法适用于黏液性或化脓性阴道炎、子宫内膜炎的治疗，对恢复患貉的生殖机能有良好作用。用导尿管插入5~7厘米，反复冲洗，排尽液体后向子宫内注适量的抗生素溶液，以利抗菌消炎促进痊愈。

二、貉病防治

（一）貉常见病毒性传染病诊断及防控措施

1. 貉犬瘟热病：貉犬瘟热是由犬瘟热病毒引起的急性、热性传染性极强的高度接触性传染病。其主要特点为双相型发热，眼、鼻、消化道等黏膜炎症以及卡他性肺炎、皮肤湿疹和神经症状。该病已广泛存在于貉饲养国家。我国貉养殖场时有发生，给貉养殖业造成了巨大的经济损失。

【病原】犬瘟热病毒属副粘病毒科麻疹病毒属。病毒存在于病兽的鼻液、唾液、眼分泌物、血液、脑、淋巴结、肝、脾和尿液中。犬瘟热病毒有很强的抵抗力，在干燥环境中能存活1年；耐低温，-70℃冻干毒，可保存毒力一年以上；-10~-4℃可存活6~12个月；对热敏感，55℃经60分钟可死亡，60℃经30分钟死亡。对普通消毒剂敏感，2%氢氧化钠溶液、3%福尔马林、5%石炭酸均能迅速杀死。

【流行特点】在自然条件下，犬科动物犬、貉、狐等最易感，其次是鼬科动物（如水貂等）。

幼貉高于成貉，公貉高于母貉。细菌混合感染病势加重。患病貉或带毒貉是该病的传染源。病毒可以随病貉的口、鼻、眼分泌物或代谢物排出，粪便、尿中含有该病毒。这些分泌物、代谢物可以直接传染给易感动物，也可通过垫草、饲具等间接传染给未发病的健康貉。主要传染途径是呼吸道、消化道黏膜。该病没有明显季节性，一年四季都可发生，秋冬季发病率较高。

【临床症状】双相热型，即体温两次升高，达40℃以上，两次发热之间隔几天无热期；结膜炎，从最初的羞明流泪到分泌黏液性和脓性眼屎；鼻镜干燥，病初流浆液性鼻汁，以后鼻汁呈现黏液性或脓性；阵发性咳嗽；腹泻，便中带血；脚垫发炎变硬；肛门肿胀外翻；上皮细胞发炎角化并出现皮屑；运动失调，抽搐，后躯麻痹。病程多为2~4周。由于病毒作用，机体抗力下降，各种病原菌可乘虚而入。常并发肺炎、肠炎。

【病理变化】尸体被毛蓬乱、污秽不洁，眼角有分泌物附着（图7-2）。肛门周围污染。皮炎、皮肤增厚，爪掌肿大。内脏无特征性变化。肝脏肿大，质脆混浊，胆汁充盈，胆囊增大。脾脏肿大，慢性者萎缩。肠系膜淋巴结肿大、充血。胃肠黏膜卡他性、出血性炎症。肾脏略肿大，被膜下有出血点。膀胱黏膜充血或出血，有的无变化。肺叶边缘肝样变性或肺叶出血性炎症。其他器官无明显变化，见图7-3。

【治疗方法】抗生素类药物对此病无效，但能控制继发感染。可用犬瘟热高免血清进行治疗，每只应用4~10毫升，3天后再用一次，有一定的效果。对病貉隔离治疗，特别是对初期发生犬瘟热的病貉首先给以大剂量（20~30毫升）抗犬瘟热血清，

图 7-2 犬瘟热（鼻镜干流眼眵）

图 7-3 犬瘟热（脏器出血）

皮下分点注射或加地塞米松静脉注射效果更佳。同时用抗生素肌注或静注控制消化道和呼吸道炎症。如庆大霉素，每次 8 万单位，每日 2 次；乳酸环丙沙星，每次 10 毫克，每日 2 次。配合维生素 C，维生素 B_1，维生素 K_3 辅助治疗。无食欲的以 5% 的葡萄糖生理盐水输液，腹泻严重的静脉输入 5% 的碳酸氢钠 5～10毫升。此外，干扰素、转移因子、黄芪注射液等对犬瘟热的治疗有协同作用，可抑制病毒蛋白的合成。

【防控措施】应用犬瘟热疫苗进行特异性免疫接种，是预防该病的根本方法。目前我国制造的犬瘟热疫苗均为活毒疫苗，免疫持续期限定在 6 个月，选择适宜时机进行接种可有效预防貉犬瘟热的发生。通常于每年的 1 月中旬前对种貉群进行一次免疫，剂量为每只皮下注射 3 毫升，第二次免疫是在仔貉断乳后 15～30天再加强免疫一次。同时也要避免仔貉的过晚接种，如断乳后超过 21 天，母源抗体对仔貉已没有保护作用，此时极易受犬瘟热病毒的侵袭，随时可发生犬瘟热感染，因此，对仔貉的免疫要认真对待，一定要按免疫程序操作。

养兽场应杜绝野狗串入场内，场内设备一律不能外借，严禁从疫区或发病场调入种兽，兽场工作人员要配备工作服，不准穿回家或带出场外。调入种兽时一定要先打疫苗，观察 15 天后方可运回，进场回运要隔离观察 7～15 天，才能混入大群正常管理。

发病貉场应立即上报疫情，早期确诊，隔离病貉，进行对症治疗。为了防止并发病可应用抗生素，但对该病唯一的办法是用犬瘟热疫苗对健康貉进行紧急预防接种，可以很快控制该病的流行。一旦确定貉群为犬瘟热感染，对全群貉应立即进行紧急接种（已出现症状的建议不接种），剂量可增加到正常免疫量的 2 倍。

对病貉污染的笼舍用火焰法消毒或用 1：100 的农福、毒菌净喷洒消毒。粪便用生石灰铺盖，并及时送到场外，堆积生物发酵处理。地面用 3% 氢氧化钠溶液喷洒，食盆、水盒、饲料加工用具用热碱水刷洗后清水冲洗。工作服用 0.5%～1% 福尔马林喷雾消毒。皮张应彻底消毒。病貉尸体，一律焚烧。在流行期间及在流行停止 1 个月内禁止对外出售种貉或串换种貉。

发生犬瘟热貉场应实行封锁，严禁种貉输出。当最后一只貉康复或死亡后 30 天，方可解除封锁，并且进行一次终末性消毒。

2. 貉病毒性胃肠炎：又称传染性肠炎，是由细小病毒引起的一种急性、热性、高度接触性传染病。特征是高热、出血性肠炎和心肌炎。该病发病急，传播快，流行广，有很高的发病率和死亡率。多呈暴发性经过。该病于 1984 年 8~9 月开始在黑龙江省部分地区首次发生，继而在各地貉场和养貉专业户的貉群中流行，是严重危害养貉业的重大传染病之一。

【病原】貉传染性肠炎病毒属于细小病毒科细小病毒属。该病毒对外界环境有较强的抵抗力，在污染的貉舍里能保持 1 年的毒力，于 56~60℃存活 60 分钟，在 pH 值 3~9 稳定。病毒对胆汁、乙醚、氯仿等有抵抗力，煮沸能杀死病毒，0.5%福尔马林、氢氧化钠溶液，在室温条件下 12 小时可使病毒失去活力。病毒在 40℃、22℃、25℃条件下能凝集猪和恒河猴的红细胞。此特点对该病的诊断有重要意义。

【流行病学】该病的易感动物为犬科动物，如貉、犬、狐、狼等均可感染发病。传染源为患病动物和带毒动物，在其发热和有明显临床症状的传染期，不断向体外排出具有强大毒力的病毒，通过被污染的饲料、饮水、食具、用具、工作人员的手套和衣物以及笼舍、小室、垫草传染给健康貉，未经消毒或消毒不彻底的注射器、注射针头、体温计和手术器械也可起间接传播作用。夏秋虻、蚊、蜱等吸血昆虫或非易感的鸟兽如乌鸦、麻雀及各种鼠也能助长该病的传播。病死貉犬尸体的随意抛弃，常可招致该病的蔓延。配种、串笼等病、健貉直接接触更容易造成传染。

该病无明显的季节性，全年均可发生，但以 7~9 月多发。幼貉发病率和死亡率高于成貉。在一定的地区如果防控不当，可连续几年发生，呈地方性流行。病死率达 40%~100%。

【临床症状】病貉精神沉郁，食欲减少直至完全废绝，拱腰蜷缩于笼内，似有腹痛症状。呕吐、腹泻症状明显，呕吐物开始呈黄水状，有的带有少量食物残渣，后期均为胃液。腹泻物颜色各不相同，早期为黄白色、粉红色，亦有黄褐色，后期则为咖啡色、巧克力色或煤焦油状；有的带有血样物或粉红色黏膜样物；有的粪便呈不规则的圆柱状。笼内外到处是污物及粪便，貉躯体亦常被污物弄脏。到后期极度衰竭死亡。病程短则 1~2 天，长者 5~6 天死亡。少数能耐过，多为发育不良或成僵貉，即使长大也多不能繁殖。成年貉发病症状较轻，呈一过性腹泻，且多能治愈。

【病理变化】以急性卡他性、纤维蛋白性乃至出血性肠炎变化为特征，即以肠及其淋巴结组织病理变化为主。病程稍长的病例主要可见尸体消瘦，被毛松乱，肛门周围粪便污染。肠管呈鲜红色，肠内容物混有血液、脱落的黏膜上皮和纤维蛋白样物，有恶臭味，肠壁菲薄有出血病变。脾肿大，呈暗紫色，表面粗糙。胆囊肿胀，充满胆汁。肝肿大，质脆色淡。

貉尸极度消瘦、眼球下陷，结膜发绀，眼角有黏性眼眵，肛门污染，血液黏稠、呈暗红色，肌肉淡红、干燥。肠道的变化为特征性的，小肠外观有的呈鲜红色，切开可见血样内容物，有的呈黑红色，切开可见少量黏稠的煤焦油样内容物，有的混有黑色血凝块；有的肠段增厚，肠管变粗，但管腔稍窄，黏膜形成厚的皱褶，有的段黏膜淤血，黏膜脱落，因而肠壁变薄呈半透明状，肠黏膜出血，部分病例为全肠道弥漫性出血，多数病例以空肠、回肠出血为重，有的直肠和盲肠黏膜可见条状出血、胃容积扩大 2~3 倍，胃壁明显变薄，形似气球，其内容物为淡红色稀薄液体或黏稠的红褐色液体，胃黏膜淤血，部分脱落，有边缘不整的溃疡和糜烂，肠系膜淋巴结明显肿大，为正常的 5~20 倍。

肝脏肿大，呈暗红色，有散在的黄色变性病灶。胆汁充盈，呈绿色。急性死亡的心肌及心内膜有灰白色或黄色变性病灶。心包积液。有的病例呈现肺水肿。

【治疗方法】

①一旦发现病貉应立即查出致病因素，除病毒和细菌性原发病因外，应尽可能消除致病因素。当貉发生细小病毒性肠炎流行时，首先应对全群进行紧急接种，由于该疫苗注射后产生抗体较快，一般于免疫后7~15天流行即停止。该疫苗为灭活疫苗，因而对处于潜伏期感染貉也同样会产生一定的免疫保护，紧急接种的剂量可为正常免疫剂量的2倍。

②特异性治疗方法可使用痊愈狗、貉血清或全血，每只20~30毫升，加入青霉素15万单位，链霉素10万单位效果更佳，可腹腔注射或皮下多点注射。可控制细菌性并发病，减少症状和死亡。

③根据临床表现进行对症治疗，为防止肠道菌继发感染，使用庆大霉素、卡那霉素、诺氟沙星、乳酸环丙沙星等注射。特异性治疗给病貉皮下分点注射高免血清，每日一次，每只10~20毫升，连用3天。对拒食的，静脉输入5%的葡萄糖，每日1次，每次150~250毫升。脱水严重的，输入复方氯化钠溶液100~200毫升，为防止心肌炎发生，还要考虑使用三磷酸腺苷（ATP）及辅酶A。

【防控措施】在未发生该病的貉群进行预防接种效果尚好，一般每年按种两次，第一次在仔貉分窝时，每只肌内（或皮下）注射0.5毫升，隔15~21日每只再注射1毫升，同时对成貉接种1毫升。第二次接种应在留种后，对全部种貉接种，每只接种1毫升。

严格执行兽医卫生制度、做好防病工作。该病流行过程中常混合感染，故应用抗菌素防止并发症。硫酸庆大霉素，每只2万~4万单位，饲料中投喂氯霉素，每日、每只0.1克，投5~6

天，间隔 7 天。对体衰病貉 10% 葡萄糖、维生素 B_1 1 毫升、维生素 C 1 毫升皮下多点注射补液。对腹泻剧烈者，给予黏膜保护药物。

发病后立即上报疫情，取样检查，早期确诊。病貉隔离饲养，对症治疗。耐过病貉到取皮期淘汰，健康貉实行紧急接种。对病貉污染的笼箱及物品消毒。病貉尸体一律焚烧。立即改善饲料，给予营养丰富、适口性强的优质饲料，以促进食欲，维持体况，增强抗病力。

3. 狂犬病：狂犬病是由狂犬病毒引起的一种人和动物共患的传染病。主要侵害中枢神经系统，其临床特征是患病动物呈现狂躁不安和意识紊乱，最后发生麻痹死亡，病死率为 100%。我国 1982 年于辽宁省首次发现貉狂犬病，近几年有报道。狂犬病是世界性疫病，它遍布许多国家。近年来有一些国家由于采取了疫苗注射和综合性防控措施，已宣布消灭了狂犬病。

【病原】狂犬病病毒为弹状病毒科、狂犬病毒属。主要存在于动物的中枢神经组织、唾液腺和唾液内。在唾液腺和中枢神经细胞浆内形成包涵体，称内基氏小体。病毒耐低温，热敏感，60℃ 经 5 分钟杀死，100℃ 经 2 分钟杀死。狂犬病毒对石炭酸和氯仿有稍强的抵抗力，在 1%~5% 福尔马林溶液中经 10 分钟可杀死病毒。在 37℃ 下病毒可生存 24 小时，100℃ 2 分钟失去活性。在尸体内可存活 45 天。在 50% 的甘油中，于冰箱内能保存 1 年。

【流行病学】在自然条件下，所有温血动物对狂犬病毒都有易感性。患病和带毒动物是该病的传染源。貉患病主要是由于窜入场内的带毒犬或其他带毒兽咬伤引起的。饲喂患病动物及带毒动物的肉类也是导致貉发生狂犬病的重要原因。该病的发生没有年龄和性别的差异，一般无明显的季节性。

【临床症状】貉的狂犬病潜伏期为 2~8 周，最多 11 周；病程 3~7 天，最长达 20 天。

①初期。行为反常，不回小室（产箱），在笼内不时地走动或奔跑。有的蹲在小室内，在笼内有攻击行为，扑人或攻击邻笼的动物；食欲减退，呈现大口吞食而不咽，粪便干涸多为球状，流涎不明显，口端有水滴，体温无变化。

②中期。随着病情的发展，兴奋性增强，狂躁不安，在笼内急走或奔跑，啃咬笼网及笼内食具、攀登笼网，爬上、爬下。有痒觉，啃咬躯体，吃掉自己的尾巴和趾爪。向人示威发叫，追人捕物，咬住东西不放，异食、捕咬它貉，食欲废绝，凝视，眼球不灵活。

③后期。表现衰竭，喜卧。步态不稳，后躯行动不自如，负重困难，很快发展到前肢不能站立，倒在笼内。轻者以两前肢支撑或跪式向前爬行，或以臀部为轴原地打转；最终全身麻痹，死亡。死前体温下降，流涎，舌麻痹露出口外。

【病理变化】无特征性病理变化，死貉营养状态良好，少数尸体（例）出现程度不同的皮肤及尾巴缺损。尸僵完全，口角附有黏稠液体，肝脏暗红色或土黄色，增大，切面外翻流出酱油样凝固不全的血液。肝脏肿大，呈暗红色或土黄色，质脆易碎，切面流暗红色黏稠液体。胆囊肿胀，胆汁盈充。脾脏肿大，呈紫红色，有出血点。胃空虚，有的有异物，黏膜充血、出血，或胃内存有黄褐色胶冻样液体。肠黏膜呈弥散性出血，肠腔内有黄色黏稠液体。部分肠段黏膜有坏死灶。大小脑均为非化脓性脑膜炎。在海马角神经节细胞见到嗜酸性（红毛）胞浆包涵体，并在脑血管周围出现管套现象。

【治疗方法】该病无法治疗，一旦发现动物被狂犬咬伤或狂犬窜入，应立即接种狂犬病疫苗。出现典型狂犬病症状的病兽应宰杀，消灭传染源。

【防控措施】目前世界上尚无有效的方法用于治疗已发病的

病例。预防狂犬病的发生必须接种疫苗。疫苗的种类有动物脑组织灭活苗、鸡胚化弱毒疫苗和狂犬病的基因工程疫苗。平时的预防措施主要是贯彻"管、免、灭"的综合性防控措施。管：即加强对家犬及一切狂犬病隐性感染率高的动物管理，使它们不能咬伤人和其他动物，从而也就切断了狂犬病传播的主要途径。免：即主要是加强对家犬及一切狂犬病多发动物的免疫，提高易感动物的抵抗力，动物体内的抗体能够中和进入体内的病毒，也避免了狂犬病的传播。灭：即扑杀一切发病的动物和野犬，消灭狂犬病的主要传染源。

4. 伪狂犬病：伪狂犬病，又称阿氏病，是由伪狂犬病病毒引起的多种动物共患的一种急性传染病。病的特征是发热、奇痒、脑脊髓炎和神经节炎，近几年欧美各国的伪狂犬病仍广泛传播。我国伪狂犬病也比较常见。猪多发，呈隐性经过，肉食毛皮动物多由吃了屠宰厂猪的下脚料而引起发病。

【病原】伪狂犬病病毒为疱疹病毒科疱疹病毒属。病毒在发病初期存在于血液、乳汁、脏器和尿中，后期存在于中枢神经系统。该病毒对外界环境的抵抗力很强，于8℃存活46天，24℃为30天。在50%甘油中，于4℃条件下，可保存数年，在0.5%盐酸溶液和氢氧化钠溶液中3分钟、5%石炭酸溶液中2分钟、2%福尔马林溶液中20分钟可被杀死。加热60℃30分钟，70℃20~30分钟，80℃10分钟被杀死，100℃时，瞬时能杀死病毒。

【流行特点】在自然条件下，貉非常易感。病兽和带毒的肉联厂的下杂肉类饲料是主要传染来源，带毒猪和鼠类也是不可忽视的传染源，病毒侵入机体的主要途径是消化道，也可经呼吸道、皮肤、黏膜损伤和生殖道感染。该病没有明显的季节性，但以夏秋季多见，常呈暴发流行，初期死亡率很高。

【临床症状】貉的潜伏期6~12天。表现拒食、流涎、呕吐，精神沉郁，对外界刺激敏感，眼睑和瞳孔高度收缩。用前爪搔颈、唇、颊等处的皮肤，搔痒动作间隔 2~4 分钟，损伤部皮肤、肌肉组织发炎、出血、肿胀。由于侵害中枢神经，常引起四肢麻痹，病程仅 1~2 天，很快死亡。

【病理变化】因该病死亡的病兽，尸体营养良好，在鼻及口腔内和嘴角周围出现多量粉红色泡沫样液体，肝、脾、肺、肾等器官均充血，浆膜和黏膜有出血点，有的病例胃黏膜有点状溃疡，小肠有卡他性炎症变化，脑膜轻度充血。

【防控措施】该病尚无有效的治疗方法，抗血清治疗有一定效果。应采取综合性防治措施。

5. 传染性脑炎：貉传染性脑炎是由犬腺病毒引起的以眼球震颤，高度兴奋，肌肉痉挛，感觉过敏，共济失调，呕吐、腹泻、便血为特征的急性、败血性、接触性传染病。该病具有发病急、传染快，死亡率高等特点。我国近些年来，由于养貉业迅速发展，在个别的养貉场也发生此病。

【病原】貉传染性脑炎病原体是腺病毒科，腺病毒属的犬腺病毒。在 37℃ 26~29 天灭活；在 60℃ 3~5 分钟失去活性；在室温条件下，可存活 10~13 周；在注射器上，附着的病毒可存活 3~11 天；低温冷藏 9 个月仍有感染力；紫外线照射 2 小时后，才失去活力，但仍有免疫原性。病毒最适 pH 值 6.0~8.5。对乙醚、氯仿有耐受性。在 0.2%甲醛溶液中 24 小时后才能灭活。

【流行病学】该病一年四季均可发生，但多发冬春两季，无年龄、性别及品种之分，1 岁内的幼貉其感染率和死亡率为高。该病除犬、狐及貉易感外，在自然条件下也曾见狼、猫、浣熊和山狗等病例材料。其感染途径主要是呼吸道及消化道，也有胎内感染，体外寄生虫为媒介也不能排除。传染途径为被病原微生物污染饲料、饮水及饲具等。幼兽发病率为 40%~50%，2~3 岁的成年貉感染率为 2%~3%。年龄比较老的貉很少得病。病兽在发病初期，血液内出现病毒，以后在所有分泌物，排泄物中都有病毒排出。特别是康复动物自尿中排毒长达 6~9 个月之久，由此可见康复和隐性感染动物为带毒者，是最危险的疫源。

【临床症状】

①肝炎型。多以急性经过。病初精神轻度沉郁，食欲稍减，渴欲增高，鼻镜干燥，皮肤黄染，流水样鼻液和眼泪，体温高达40~41℃，稽留 3~5 天。随着病程进展，则出现呼吸加快，脉搏增数，眼睛无神，呕吐、下痢，初期黄色水样稀便，后转为黏稠带血，乃至黑色似煤焦油样，并有恶臭，肛门周围被粪便污染，尿液深黄。病兽拱背卷腹，喜卧小室，食欲废绝，步伐踉跄，全身无力，口腔出血，可视黏膜苍白黄染。部分病例出现神经症状，病程 2~7 天而死，死亡率 10%~20%。

②脑炎型。病兽突然发病，站立困难，食欲废绝，鼻镜干燥，四肢麻痹，视力减弱，间歇抽搐，口角流涎，对外刺激敏感。狂跳倒地痉挛，体温高达 40~41.5℃。随病程进展，抽搐间歇缩短，衰竭倒地昏迷，濒死期较长，病程 1~2 天死亡，致死率高。

【病理变化】其特征组织变化是血管损害，肝脏表现为退行性变化和少量炎性变化；网状内皮系统普遍激活和核内包涵体的形成，进而以细胞的毁坏及非化脓性脑膜炎变化。

①肝炎型。病变有其特征性，尸僵完整，营养中等，个别皮下水肿，全身脂肪黄染。肺充血、淤血，呈暗紫色。肝肿大，小叶明显，质地硬，表面与实质均呈黄褐或淡红色。胆囊充盈，其壁高度水肿，明显增厚，胆汁浓稠。脾肿大 1~5 倍，色淡红或暗红，切面多汁。肾肿胀，略呈圆形。被膜紧张，外观及切面为土黄或煮肉色，三界不清，皮质有出血点。胃肠黏膜呈弥漫性重度出血，重者似血肠样，内容物暗红或黑色黏稠，有恶臭。肠系膜血管充盈，其淋巴结充血肿胀。血液稀薄，凝固不全。部分病例有血样腹水。

②脑炎型。肝肿大，呈黄褐色或淡红色，小叶明显，质脆。胆囊壁肥厚，胆汁浓稠。胃肠呈不同程度弥漫性出血，内容物黏稠呈黑褐色。肾轻度混浊肿胀，呈灰黄色。个别肺有淤血及出血。心外膜有散在性出血点。脑膜高度淤血及出血，个别病例颅底出血，见图7-4。其他脏器未见显著变化。

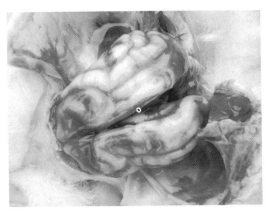

图7-4　脑炎（脑出血）

【治疗方法】发热初期，可用抗生素进行治疗，以抑制病毒的繁殖扩散，但在病的中后期应用血清治疗，效果不理想。此外，丙种球蛋白也能起到短期的治疗效果。有的主张给病兽注射维生素 B_{12}，成年兽每只注射量为 350~500 微克，幼兽每只注250~300 微克，持续给药 3~5 天，同时随饲料给予叶酸，每只量为 0.5~0.6 毫克，持续喂 10~15 天。

【防控措施】除了加强饲养管理，搞好防疫卫生外，还应每年定期接种 2 次狐貉脑炎弱毒疫苗，间隔 6 个月免疫一次，可有效预防该病的发生。

发生传染性脑炎时，应将病兽和可疑病兽一律隔离、治疗，直到取皮期为止。对污染的笼具应进行彻底消毒。地面用 10% ~ 20% 漂白粉或 10% 生石灰乳消毒。被污染的（发过病的）养殖场到冬季打皮期应进行严格兽医检查，精选种兽。对患过此病或发病同窝幼兽以及与之有过接触的毛皮动物一律打皮，不能留作种用。

为防止继发感染可选用乳酸环丙沙星和庆大霉素控制。在使用抗血清和抗生素的基础上，每日注射 2 次辅酶 A，每次 200 ~ 500 单位，维生素 C，每次 0.1 ~ 0.2 克。

（二）貉常见细菌性传染病诊断及防控措施

1. 貉巴氏杆菌病：貉巴氏杆菌病又称出血性败血症，是由多杀性巴氏杆菌引起的以败血症及内脏器官出血性炎症为特征的急性传染病。临床上以大叶性肺炎、肝肿大、脾肿大出血、出血性肠炎为特征。常呈地方性流行，给貉饲养业带来很大的经济损失。

【病原】多杀性巴氏杆菌为两端钝圆、粗短，两极浓染的革兰氏阴性小杆菌，不形成芽孢，无运动性，有的可形成荚膜。

【流行病学】所有毛皮动物对巴氏杆菌均易感，幼龄毛皮动物易感性比成龄动物强。饲喂因巴氏杆菌而死亡的畜禽肉及其下杂是该病的主要传染源，病原体往往通过肉类饲料及副产品（如兔骨架、畜禽下杂）带入貉场。该病也可由污染的饮水、饲料等经消化道传播，或由咳嗽、喷嚏排出病菌经呼吸道传播以及经损伤的皮肤、黏膜传播。此时，若经消化道感染，多呈散发或促进巴氏杆菌流行。该病无明显季节性，但以春秋季多发。

【临床症状】潜伏期为 1 ~ 5 天。貉群突然发病，病貉主要表现为食欲不振，精神高度沉郁，体温升高，鼻镜干燥，呼吸困难，有时呕吐，下痢，粪便中有血液和黏液。机体消瘦，有时痉挛，常在痉挛中死亡。有的病貉从鼻孔流出血样泡沫，体温升高，心悸，呼吸加快。个别病例从鼻孔流出血样泡沫，体温升高，死亡前病貉体温降低。

【病理变化】死貉的口腔、鼻腔内有酱色液，主要病变在胸腔，见肺严重充血、出血，肝变；心脏出血，心包积有血液；胸腔积有血水。肝脏肿大，充血，色淡质脆；脾脏淤血，肿大。胸膜下有出血点，出现浆液性、纤维素性渗出物。气管黏膜充血、出血，肺呈大叶性肺炎变化。胃肠黏膜充血、出血。肠浆膜面有出血斑点，内容物少，呈胡萝卜色，肠道上最明显的病变在盲肠，可见盲肠黏膜严重出血，有一些溃疡灶，深达肌肉层，直肠黏膜条状出血；胃内空虚，浆膜面有出血斑，黏膜面有酱色液；膀胱内空虚，黏膜严重出血。

【治疗方法】发现疫情，立即将病貉和可疑病貉隔离，应用敏感药物环丙沙星和氧氟沙星进行治疗。健康貉注射巴氏杆菌疫苗和抗生素进行紧急预防。每天用过氧乙酸带兽消毒貉舍2次，重点消毒病貉舍，地面用生石灰消毒。粪便等用0.5%的氢氧化钠溶液或2%来苏儿进行喷洒消毒，每天1次，连用1周；食槽及饮水槽彻底清洗消毒，每天2次。发病期间停喂现有饲料，更换清洁、无污染的饲料，肉类饲料一律熟喂，供给新鲜清洁无污染的饮水。将病死貉尸体无害化处理后深埋，彻底清除病原。

【防控措施】加强卫生防疫和消毒工作，加强饲养管理是预防该病的关键。

应用巴氏杆双型（Fo、Fg）菌苗进行接种。应用抗出败多价血清作被动免疫和治疗，同时应用经药敏实验敏感的抗生素和磺胺类药物。并注意对症治疗，可给予维生素E、肝乐、维生素C、葡萄糖等以达强心、补液、保肝、解毒的目的。

2. 大肠杆菌病：貉大肠杆菌病是由大肠杆菌引起的一种传染病，主要侵害幼龄皮毛动物，常呈现败血症状，伴有下痢、血痢，并侵害呼吸器官或中枢系统。成年母貉患该病常引起流产和死胎。以顽固性下痢、痉挛、衰竭和败血症为临床特征。

【病原】大肠杆菌属于肠杆菌科埃希氏菌属。该菌为革兰氏阴性杆菌。脏器涂片常呈两极着色。无芽孢，有鞭毛、能运动，需氧或兼性厌氧。抗力不强，一般消毒剂（如石炭酸，3%氢氧化钠溶液、福尔马林）经5分钟杀死。55℃经60分钟、60℃经15~30分钟杀死。对庆大霉素、红霉素、多黏菌素等敏感。

【流行病学】该病的暴发流行与饲养管理、兽医卫生等因素有关。成貉极少发病，新生仔貉易感并伴有严重的下痢和败血症。患貉为长期带菌者。病貉和带菌貉是大肠杆菌病的主要传染源，污染的动物性饲料（肉、鱼、乳、蛋）是貉及其他毛皮动物大肠杆菌经常发生的因素。

【临床症状】因动物体的抵抗力、大肠杆菌的毒力、血清型的不同，疾病潜伏期变动范围也不同，一般3~10天。慢性病例多见于成年貉，病貉精神沉郁，被毛粗乱，不断尖叫，食欲减退或废绝，并出现腹泻。病初排黄绿色稀便，后期拉水样便。有的粪中带有血液或脱落的肠黏膜，气味腥臭灰色或灰褐色，貉肛门周围和后肢皮毛被污染，病貉机体虚弱不能站立，颤抖，体温升高但四肢发凉，眼眶下陷，全身脱水，皮肤弹性下降，貉迅速消瘦，很快死亡，病程3~5天。妊娠母貉有该病后，发生大批流产和死胎。

【病理变化】尸体消瘦，心内膜下有点状或带状出血，心肌成淡红色。肺颜色不一致，常有暗红色水肿区，切面流出淡红色泡沫样液体。肝脏充血肿大，有的有出血点，胃肠道主要为卡他性或出血性炎症病变，肠管内常有黏稠的黄绿色或灰白色液体，肠壁菲薄，黏膜脱落，布满出血点，肠系膜淋巴结肿大，充血或出血，切面多汁，见图7-5。心包有少量积液，膀胱积尿呈黄色混浊样。

【治疗方法】发病貉场、貉舍貉场用百毒杀1∶600倍液消

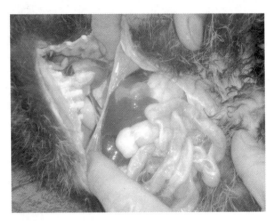

图7-5　大肠杆菌病（肠内容物变黑，积液渗出）

毒，用具等用0.1%高锰酸钾溶液浸泡消毒，每天1次，连续3天，以后隔天1次，每50千克饲料中添加新霉素5克、益生素80克，全群添加，连用5~7天。发病的貉根据药敏结果立即选择最敏感的药物丁胺卡那霉素口服液饮水，严重病例不能饮食的貉采取肌内注射方法，剂量按千克体重15~20毫克，每天2次，连用5天。发病幼貉肌注庆大霉素8万单位，每天2次，连用3天。

　　未病的貉用大肠杆菌多价苗预防注射，改善饲养环境，除去不良饲料，调整饲料配方，降低饲料中动物性饲料的含量，增加植物性饲料。

　　【防控措施】定期进行免疫预防，在健康母貉配种前15~20天内，注射大肠杆菌和副伤寒多价灭活苗，间隔7天注射2次；健康仔貉可在30日龄起接种上述疫苗2次。

　　加强饲养管理，注意饲料和饮水的卫生，定期投喂土霉素、四环素及以0.1%高锰酸钾水让仔貉自饮，以提高貉的抗病能力。

3. 沙门氏杆菌病：沙门氏杆菌病又称副伤寒，是由沙门氏杆菌引起幼貉发病的急性传染病。主要特征是发热、下痢、肝脾肿大及败血症。易与肠炎相混，常和犬瘟热、病毒性肠炎并发。由于饲养量增加、饲养管理不善和卫生防疫工作跟不上，导致了部分养殖场貉沙门氏菌病的发生和流行。

【病原】沙门氏菌属是肠道杆菌科中的一个重要菌属。本属细菌为两端钝圆的中等大杆菌，革兰氏染色阴性，不产生芽孢，也无荚膜，绝大部分沙门氏菌有鞭毛、能运动。本菌对干燥、腐败、日光等因素具有一定的抵抗力，在外界条件下可生存数周，60℃1小时、70℃20分钟致死。对冷冻有一定的抵抗力，如在冰冻土壤中能过冬，在-25℃能存活10个月。对化学消毒剂的抵抗力不强，一般消毒药，5%石炭酸、0.2%升汞5分钟即可杀死本菌。对新霉素极敏感，且不产生耐药性。

【流行病学】自然条件下貉易感，发病和带菌貉是该病的主要传染源。可以由粪便、尿、乳汁、流产胎儿等途径排出体外。该病主要是由于吃了污染本菌的饲料和饮水而经消化道感染，但也有经呼吸道、生殖道、眼结膜感染的报道。健康带菌动物当机体抵抗力下降时，病原菌活化而造成内源感染，病菌连续通过易感动物后，其毒力增强，扩大传染病。该病一年四季均可发生，一般散发或呈流行性，环境污秽、潮湿、粪便不及时清除，饲料和饮水供应不良，气候恶劣、疲劳、饥饿、长途运输以及其他不良因素等，均可促进该病的发生。

【临床症状】潜伏期为3~20天。依发病快慢及临床表现分急性、亚急性、慢性3型。

①急性。精神沉郁，食欲废绝，体温升高41~42℃。腹泻，有时呕吐，衰竭痉挛，经2~3天死亡。

②亚急性。主要表现胃肠机能紊乱。食欲废绝，沉郁，下痢，粪便呈水样，混有黏液、血液。病貉消瘦、贫血。衰弱无

力，卧于笼中，后期麻痹、衰竭而死亡。

③慢性。顽固性腹泻，贫血，严重脱水，毛焦蓬乱，结膜发绀，常出现眼结膜炎，病貉极度衰竭，经 2～3 周死亡。孕貉发病出现大批流产。

【病理变化】从外观看病死貉尸僵不全，尸体消瘦，脱水，眼窝塌陷，可视黏膜苍白。胃肠黏膜水肿、淤血或出血，十二指肠上段发生溃疡，肝脏肿大呈土黄色，有散在坏死灶，脾、肾肿大，表面有出血点（斑），肺水肿有出血性炎症；小肠后段和盲肠、结肠有轻微炎症，粪便呈明显的黏液性出血性肠炎变化，肠内容物有脱落的肠黏膜，呈稀薄状，重者混有黑色血液，肠黏膜出血、坏死，大面积脱落，肠系膜及周围淋巴结肿胀、出血，切面多汁。病至后期严重者心脏伴有浆液性或纤维蛋白性渗出物的心外膜炎和心肌炎。

【治疗方法】发生沙门氏杆菌病时，对病貉和疑似病貉均应立即治疗，健康的接种菌苗。应用仔猪副伤寒血清注射，1～2 月龄 15～20 毫升，2～4 月龄 20～30 毫升，4 月以上 40～50 毫升。

对病貉及时隔离，加强饲养管理，圈舍及食具用百毒杀进行全面消毒；拉稀严重者停食 1～2 次，只喂给口服补液盐或易消化的食物，严禁喂给高蛋白质难消化的饲料。

大群用药敏试验结果较好的恩诺沙星纯粉进行治疗，每克加 20～30 千克水食，2 次/天投服，连用 3～4 天，病情逐渐得到控制。病情严重者可配合敏感药物进行肌内注射，如继发其他病毒性病，如非典型性病毒性肠胃炎或犬瘟热，可在另一侧肌注犬六联血清 0.5 支，地塞米松 0.25 毫克，1 次/天，连用 2 天，病貉基本能恢复正常并痊愈。

【防控措施】发病貉场要严格消毒，病愈貉取皮期打皮。禁止饲喂患该病或可疑污染的饲料。被污染的饲料应采用煮沸处理，牛奶、蛋应熟喂。饲料中加喂嗜酸菌乳，对预防该病有良好效果。

可接种沙门氏多价福尔马林菌苗，幼貉可分 2 次，间隔 5 天，每次 1~2 毫升，免疫期为 7~8 个月。

4. 破伤风：

【病原】病原体是破伤风梭菌，为革兰氏阳性厌氧菌，能运动，能形成芽孢，无荚膜，芽孢有很强的抵抗力，煮沸 1~3 小时才死亡，3% 福尔马林 24 小时、5% 石炭酸 15 小时、碘酊 10 分钟死亡，干燥条件下可生存 10 年以上。破伤风梭菌的芽孢广泛存在于自然界中，尤其是患病区的土壤、饲料、饲草、粪便以及被貉污染的垫草中均含有。主要经动物创伤感染，当侵入创口小而创伤深、创口被污染物可结痂封闭时，创腔内为缺氧状态，芽孢转变为菌体，开始生长繁殖，在生长过程中产生强毒素，作用于神经末梢，被吸收后沿神经纤维到达中枢神经系统，使动物发病，产生一系列神经症状。

【流行病学】该病是毛皮兽、人、畜共患的传染病，没有季节性，多散发，春秋两季雨水多时易发。

【临床症状】潜伏期一般 7~21 天。主要症状是病貉对外界刺激的反应性增高，全身骨骼肌发生强直性痉挛。病初精神沉郁，运动障碍，四肢弯曲，有食欲但采食咀嚼困难，张口、吞咽也困难，常把嘴插入食盆中而不能进食。以后出现全身性肌肉痉挛性收缩，吞咽困难，口内含残食并发臭，舌边缘常有咬伤和齿压痕。两耳直立不能转动，眼球凹陷，鼻孔扩张，背肌坚硬，尾根高举或偏向一侧，不能自如活动，惧怕声响。当受到突然刺激时，表现惊恐不安，呼吸浅表，心悸亢进，节律不齐，排粪迟滞。体温正常。后期常因饥饿和自身中毒而死亡。

【病理变化】内脏无明显变化，黏膜、浆膜可能有出血点，四肢和躯干肌间结缔组织呈浆液性浸润，肺充血、水肿或有异物性肺炎症状。

【治疗方法】发病貉可扩创重新消毒处理，用青霉素消灭病原，可皮下注射破伤风抗毒素中和毒素。该病后期，由于饮食困难，造成体质消瘦、营养不良，需补糖补液。此外，要加强对患貉的护理，将病貉放在阴暗或避光的圈舍或笼舍内，减少人员接触，保持环境安静，精心饲养，对饮食困难的，可人工灌喂牛奶、豆奶汁或稀粥营养饲料，使病貉获得营养，增强抗病能力。

【防控措施】用破伤风血清及类毒素治疗和预防该病，每年做一次预防接种。尽量减少或杜绝外伤的发生，发现有外伤时，应立即处理伤口，可用1%高锰酸钾溶液洗，或用5%的碘酊处理创面，破坏其厌氧环境。

5. 貉加德纳氏菌病：貉加德纳氏菌病是由加德纳氏菌引起的貉繁殖障碍的重要细菌性传染病之一。它能导致母貉阴道炎、子宫颈炎、子宫内膜炎、公兽的睾丸炎、附睾炎及引起母貉流产和空怀、公兽性功能减退、死精、精子畸形等。该病于配种期间最易传播，尤其在感染群，配种后感染率明显升高，最高可达全群的50%以上。

【病原】加德纳氏菌为多形性，无荚膜，无鞭毛，革兰氏染色不稳定的细菌，形态近球、球杆至杆状，呈单个，成双、短链排列。对氨苄青霉素、红霉素及庆大霉素敏感，对磺胺类耐药。

【流行病学】不同年龄、不同性别的貉均可感染。该病与配种期间最易传播，尤其在感染群，貉配种后感染率明显升高，最高可达群的30%以上，经对国内流产、空怀貉血清学检验证实，加德纳氏菌感染率达42%以上。但通常是母貉感染率明显高于公貉，老貉比青年貉感染率高，病貉为该病的传染源，该病主要通过交配传播，外伤也是不可忽略的感染途径。怀孕貉感染该菌可直接传播给其胎儿。

【临床症状】病菌主要侵害泌尿生殖系统，造成炎症，虽对动物的生命影响不大，但对繁殖影响较大。该病的突出临床症状就是受配貉多数于妊娠后 20~45 天出现流产及在妊娠前期的胎儿吸收，流产前母貉从阴门排出少量污秽物，有的病例出现血尿，流产后 1~2 天内，母貉体温稍升高，精神稍不振，食欲减退，随后恢复正常。公貉常出现血尿，在配种前，感染阴道加德纳氏菌的公貉性欲降低。

【治疗方法】为达到良好的免疫效果，首次免疫前要进行虎红平板检测，阴性方可接种疫苗，如有阳性一定要先治愈后免疫。检测出的阳性貉，应采取隔离饲养，至冬季取皮淘汰或以药物（氨苄青霉素）治疗 1 个疗程（3~5 天），可完全将体内菌杀死，但加德纳氏菌抗体尚存，待过 15~30 天，体内残存抗体已基本消失，此时再注射疫苗预防，即能达到有效保护，这样的兽仍可作种用。

【防控措施】目前国内外多采用接种疫苗的方法预防本病。

6. 貉魏氏梭菌病：魏氏梭菌病又称肠毒血症，是貉的一种急性传染病，以全身毒血症、剧烈腹泻为主要特征。我国近年来有许多貉饲养场流行此病。

【病原】病原菌为梭状芽孢杆菌属产气荚膜杆菌科，也称产气荚膜梭菌，多为直或稍弯的梭杆菌，两端钝圆，大小为（3~8）微米×(0.5~1.0) 微米，为革兰氏阳性，厌氧，无鞭毛、不运动的大杆菌。该菌广泛地存在于自然界，在土壤、污水、人和动物肠道及其粪便中。煮沸 15~30 分钟内死亡，A 和 F 型菌的芽孢能忍受煮沸 1~6 小时。这些细菌的毒素，煮沸 30 分钟被破坏。

【流行特点】潜伏期的貉和患病貉是主要的传染源。貉因食入污染的饲料，经消化道感染。该病呈散发或地方性流行，一年四季均可发生，但多在夏、秋季流行。不同年龄、不同性别、不同品种都可感染发病。

【临床症状】潜伏期 12~48 小时。该病多呈超急性或急性经过，往往见不到明显的临床症状即突然死亡。病程稍缓者可见厌食或拒食，行走无力，呕吐，排稀便，呈绿色并含血液。后期出现痉挛和麻痹，于昏睡状态下死亡。发病急，无任何临床症状而突然死亡，病程一般 12～24 小时。有的病貉食欲减退，呕吐。粪便为液状，呈绿色，混有血液。

【病理变化】皮下组织水肿，胸腔内混有血样的渗出液。肋膜、胸膜、膈肌有出血点或血斑。肝脏肿大，呈黄褐色或黄色、质脆、脂肪变性。胃黏膜充血、肿胀、有溃疡面。小肠及大肠黏膜出血，外观似血肠样，肠内容物充满紫黑色血液；肠系膜淋巴结肿大，出血；脾切面呈紫黑色；肾质地稍软，皮质和髓质出血，见图 7-6。

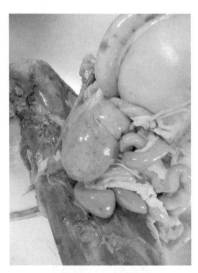

图 7-6　魏氏梭菌（肠黏膜溃疡，出血）

【治疗方法】该病无特异疗法，由于发病急，病程短，不易发现，治疗效果不理想。有条件的养殖场应尽快使用抗魏氏梭菌高免血清，及时投用有效抗生素，恢复期可选用微生态制剂调整肠道菌群。治疗该病高度敏感的药物有氧氟沙星、乳酸诺氟沙星、新霉素等，一般新霉素每千克体重按 10 毫克投于饲料中喂给，1 天 2 次，连续 3~4 天。

【防控措施】及时清理粪尿及污物，防止饲料腐败、酸败或发霉，质量可疑的饲料不能喂貉。不可随意改变饲料的配比或突然更换饲料。

7. 仔貉链球菌病：链球菌病是由链球属中的致病性链球菌所引发的人类和毛皮动物共患的一种传染病，提高饲养人群预防意识，防止感染。

【病原】菌体形态为革兰氏阳性球菌，多数呈短链排列，少数长链排列。在马丁肉汤和厌气肉肝汤中均能生长，菌液有絮状沉淀。

【流行病学】幼龄貉易感病貉临床症状不明显，急性的 3~5 天死亡，死后鼻腔流出血水，剖检，肺有明显淤血和出血，有的出现化脓性或纤维素性胸膜炎病灶，肺与胸膜粘连，胸腔有暗红色胸水。曾用磺胺药及青链霉素治疗，由于病程短，疗效欠佳，死亡率约 70%。

【临床症状】发病仔貉精神委顿、食欲下降或不吃食、明显消瘦、行动迟缓、两后肢麻木站立不起来，背部呈紫红色，有出血斑点，有的仔貉腹泻，有的还出现便秘，运动失调。

【病理变化】皮下血管充血，腹股沟处淋巴结肿大充血，肠系膜淋巴结充血、心包、腹腔有大量的淡黄色积液、肺出血有坏死灶、肝胆肿大、脾肿大呈紫灰色、肾脏肿大表面有淤血、切面有出血点、肠内容物为红褐色、脑膜血管充血并有出血点。

【治疗方法】发现该病要及时隔离病仔貉，笼舍地面用 2%~5% 氢氧化钠、饲养用具用 10% 漂白粉消毒。发病仔貉选用高敏感药物头孢唑林钠 10~50 纳克/千克进行肌内注射，每日 2 次，连用 3 天。全群按常规剂量使用土霉素片，粉碎后拌入饲料中，连用 7 天。

【防控措施】控制该病的关键在于注意环境卫生，定期消毒。

8. 貉结核病：结核病是由结核分枝杆菌引起的人兽共患传染病。该病的特点是在机体组织中形成结核结节性肉芽肿和干酪样的坏死灶。该病分布广泛，每年都给貉饲养业造成巨大的经济损失。

【病原】结核分枝杆菌，属分枝杆菌属，共分为牛型、人型和禽型 3 型。本菌为整齐的直或稍弯曲的细长杆菌，不形成荚膜和芽孢，无鞭毛，不能运动。为革兰氏染色阴性菌。用抗酸染色法，菌体被染成红色。结核杆菌是专性需氧菌，本菌对外界环境条件，尤其对干燥、湿冷等具有较强的抵抗力，对自然界的理化因素抵抗力较强，外界存活时间长，在干燥痰中能存活 10 个月，粪便及土壤中能存活 6~7 个月，但对温度特别敏感，直射阳光下，几分钟至几小时可使之死亡。对湿热抵抗力弱，60℃ 湿热 30 分钟即可杀死，5% 来苏儿 40 小时，才能杀死，而在 70% 酒精及 10% 的漂白粉中很快死亡。

【流行特点】结核病主要是经过消化道传染，患病貉为主要传染源，污染的笼舍、食具和场地也是不可忽视的传染源。该病没有季节性，一年四季均可发生，但多见于夏秋两季。环境潮湿，饲料营养不良，卫生条件不好以及多种动物混养，有助于该病的发生和传染。

【临床症状】潜伏期为 1~2 周，病程一般为 40~70 天。病貉不愿走动，食欲减退，进行性消瘦，常躺卧，被毛无光泽。当侵害肺部时，表现咳嗽和呼吸困难，有些病貉鼻眼有较多的浆液性分泌物。有些病例出现带血下痢，有些病例死前 1~2 周出现后肢麻痹。

【剖检变化】病貉尸体营养不良，结核病变常发生在肺内。在肋膜下及肺组织深部，触之如豌豆或黄豆大的单个钙化结节，切面见有浓稠凝块和灰黄色脓性物。有的侵害气管和支气管，形成空洞，其内容物进入气管而排出体外。肠系膜淋巴结肿大，充满黏稠凝块状灰色物。

【治疗方法】结核病的免疫至今尚无突破。貉结核病不仅治疗困难，而且疗程长，用药量大，治疗意义不大。

【防控措施】预防结核病的发生，首要的是严格和控制饲料，对结核病畜的肉类，应煮熟饲喂。每年打皮前，凡结核阳性的动物，一律打皮淘汰，只留健康貉做种用。

9. 布鲁氏菌病：布鲁氏菌病是由布鲁氏菌引起的一种人兽共患慢性传染病。临床上以流产、子宫内膜炎、睾丸炎、腱鞘炎、关节炎等为主要特征。该病广泛分布于世界各地。给经济动物养殖业带来了很大的经济损失。

【病原】布鲁氏菌有 6 个生物种、19 个生物型，我国有流行的 4 个生物种，羊布鲁氏菌、牛布鲁氏菌、猪布鲁氏菌和犬布鲁氏菌。本菌初次分离时多呈球杆状，次代培养牛、猪种布鲁氏菌渐呈杆状。该菌无芽孢、无鞭毛，在大多数情况下不形成荚膜。革兰氏阴性。本菌在自然界中抵抗力较强。在污染的土壤和水中可存活 1~4 个月。65℃15 分钟、70℃5 分钟即死亡，煮沸立即杀死。对一般消毒药敏感，1%~3%石炭酸、0.1%升汞、2%来苏儿、5%石灰乳数分钟可杀死本菌。对青霉素不敏感，链霉素、庆大霉素、卡那霉素对本菌均有抑制作用。

【流行特点】患病动物和人是该病的传染源。貉、狐、貂均易感，家畜中牛、羊、猪最易感，也是经济动物危险传染源。传染源通过多种途径排菌，如流产物、阴道分泌物、尿、粪便、乳汁等，公兽精液中也有大量病菌存在，随配种散布传染。布鲁氏菌具有高度的侵袭力和扩散力，可以通过皮肤、黏膜接触感染，还可以由于食入被污染的饲料、水等经消化道传染，也可由于吸入被污染的空气经呼吸道感染，也可由交配经生殖道感染。该病无季节性，但以春季产仔季节多见。一般公兽比母貉感染率高，成年动物比幼龄动物发病多。

【临床症状】潜伏期短者两周，长者可达半年，多数病例为隐性感染。发病时，多呈慢性经过，早期除体温升高、结膜炎等外，无明显可见症状。母貉表现流产、产后不孕和死胎。

【病理变化】貉无特征性变化，常见脾脏肿大、肝脏充血、淋巴结肿大，有时出血。

【治疗方法】目前布鲁氏菌病，尚无有效的治疗方法，一般采用淘汰病兽来防止该病的流行和扩散。

【防控措施】布病疫区的动物，每年需定期检疫两次，阳性者及时淘汰。加强饲养卫生管理，对笼舍定期消毒。对流产的胎儿、胎衣、羊水和阴道分泌物应妥善处理，严格消毒、深埋或焚烧。流产胎儿落下的地方和羊水流到的地方，应当立即用10%石灰乳或10%漂白粉彻底消毒。

10. 化脓性子宫内膜炎：化脓性子宫内膜炎是我国对貉开展人工授精以来出现最多的一种疾病，感染的主要病原为绿脓杆菌，后来发现并证实在自然交配的貉群中也有该菌感染。

【病原】病原除绿脓杆菌外，尚有大肠杆菌、葡萄球菌和化脓性棒状杆菌等，但绿脓杆菌为感染的优势菌。

【临床症状】貉发生该病时，体温升高至40~42℃，精神沉郁，鼻镜干燥，食欲减退或废绝，从阴门排出灰色、灰黄、灰绿或酱油色脓性物。

【病理变化】子宫显著粗大，浆膜出血，子宫壁肥厚，子宫腔内充满大量的呈灰绿或酱油色脓性物，子宫黏膜出血，黏膜完整性被破坏，见图7-7。

【治疗方法】每日一次肌注1.5万单位垂体后叶素，1小时

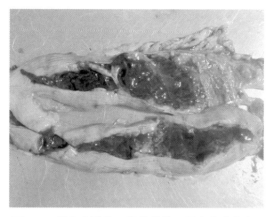

图 7-7　子宫内膜炎（胎儿吸收，子宫内膜出血）

后使用 0.1% 的高锰酸钾液冲洗子宫。庆大霉素 8 万单位，青霉素 G 钠 80 万~160 万单位分别进行肌内注射或混合后通过输精针注入子宫。

【防控措施】注射绿脓杆菌多价灭活疫苗预防。注射时间在配种前 15 天进行（仅用于种母貉）。

人工输精操作间内要设有安装紫外灯的隔离间，其内要备有无菌服和拖鞋。地面、桌面应严格用消毒液（百毒杀）消毒，在此环境下进行精液稀释。输精器具煮沸消毒达 30 分钟以上。使用 0.1% 的新洁尔灭，严格对外阴部、阴茎及其周围进行消毒。最后一次输精完毕后，肌内注射庆大霉素 8 万单位，青霉素 G 钠 80 万单位。

（三）貉寄生虫病诊断及防治措施

1. 弓形虫病：弓形虫是一种广泛寄生于人和温血动物有核细胞内的致病原虫，可引起人和动物弓形虫病，在世界范围内广泛分布。该病严重威胁着人类和动物的生命健康。

【病原】该病的病原体为刚地弓形虫，属于顶端复合物亚门的一种组织原虫。世界各地流行的弓形虫都是一种，但有株的差异，弓形虫为细胞内寄生虫，由于发育阶段不同，其形态各异。猫是弓形虫的终末宿主（但也为中间宿主）。在肠道内无性繁殖和有性繁殖，最后形成卵囊，随粪便排出体外。卵囊在外界环境中，经过孢子增殖发育为含 2 个孢子囊的感染性卵囊。卵囊呈圆形或椭圆形，两层卵壁，无色、无微孔，大小平均为 10 微米×12 微米。

该病没有严格的季节性，但以秋冬和早春发病率最高，可能与寒冷、妊娠等导致机体抵抗力下降有关。

【临床症状】病貉精神萎靡，体温升高至 40.0~41.5℃，呈稽留热型。咳嗽，食欲不振或废绝。黏膜苍白，呼吸困难，出血性腹泻，呕吐。听诊肺部呼吸音粗粝，有湿啰音。怀孕母貉发生流产或早产，尿少且尿色深黄。体表淋巴结肿大，大腿内侧、腹部等处有可见紫红色出血斑。有的病貉后期出现神经症状，抽搐、运动共济失调，甚至麻痹。病貉后期卧地不起，体温下降，衰竭死亡。病程多为 10~15 天。

【病理变化】心内外膜有出血斑点，气管黏膜有出血点；肺脏充血、水肿；肝脏肿大、充血、淤血；胃、小肠黏膜充血、出血，胃底部发生溃疡，肠腔内常有大量的血液和黏液；肾脏肿大，被膜下有出血斑点，膀胱黏膜有点状或条纹状出血；脑膜血管充血、水肿，有的脑实质水肿；全身淋巴结肿大，个别充血、水肿；胸水、腹水增加。

【防治措施】将病貉隔离饲养，彻底清扫貉舍及周围环境并进行消毒。对病貉肌注或口服磺胺嘧啶钠，每千克体重 20~25毫克，1~2 次/天，连用 3~5 天。未发病的貉子按预防量连续注射 3 天后。同时根据病貉的不同情况，进行补液、止吐、止血等对症治疗。

2. 绦虫病：绦虫病是由于貉吃了被绦虫中间宿主感染的鱼、肉等食而引起的。它主要寄生在貉的小肠中。兽体内的各种绦虫的寄生寿命较长，可达数年之久。绦虫孕节有自行爬出肛门的特性，极易扩散虫卵。对人、畜、兽危害最大。

【病原】绦虫为不透明的带状虫体，背腹扁平，左右对称，呈白色或乳白色。有很多节片，其内部结构为纵列的多套生殖器官。多为雌雄同体。

貉体内各种绦虫寿命可达数年之久。绦虫孕卵体节可自行爬出宿主肛门，故虫卵极易散布，不但貉群之间互相污染，而且还污染环境。用含绦虫幼虫的鱼类、家畜脏器喂貉，也会造成绦虫病的流行。绦虫卵对外界环境的抵抗力较强，在潮湿的地方可生存很长时间，只有在阳光直射或热的氢氧化钠、石炭酸等作用下才能被杀死。由于野生貉食物中有田鼠等啮齿类动物（中绦期宿主），加之有的养貉户用熟制处理不当的囊虫猪肉喂貉，因而致使部分貉感染绦虫病。

【临床症状】病貉初期无明显症状，中期由于虫体迅速发育，病貉表现食欲亢进；后期，患貉体质瘦弱，精神怠倦，被毛粗糙无光，针毛不齐，绒毛不整，结膜苍白，食欲不振，消化不良，便秘与下痢交替，肛门瘙痒，高度衰弱，当侵害神经中枢后，常发生抽搐和惊厥。虫体成团时可堵塞肠管，导致肠梗阻、肠套叠而死。

【防治措施】

①取槟榔9~12克砸烂研细，与适量玉米面红糖制成舔剂，成年貉1次吸服，喂前应使貉绝食12~15小时，每隔7~10天喂1次，一般1~2次即愈。

②应用药物丙硫咪唑，体重4千克以下瘦弱貉20毫克/千克，体重4千克以上较健状貉30毫克/千克。投药前使患貉绝食

14~16 小时，然后用少量优质饲料，将药拌匀，一次放入食碗内口服。服药后经 4.5 小时，患貉排出绦虫。

③按 0.2 毫克每千克体重，皮下注射灭虫丁；7 天后重复注射一次，或用复合灭虫丁胶囊，口服，对貉体内外的各种线虫、绦虫、疥螨均有较好的疗效。

④5% 佳灵三特注射液，每千克体重按 0.1 毫升注射，间隔 7 天再注射一次（此药用量小，无毒副作用，杀虫谱广）。

⑤每季度驱虫 1 次，母貉应在配种前 3 周进行。粪便要很好堆积起来进行生物发酵，来源不清得畜禽内脏要熟喂，保持笼舍和户体卫生；应用溴氢菊酯等药物灭蚤和虱；也要注意灭鼠。

3. 滴虫性肠炎：貉的组织滴虫病是由五鞭毛滴虫引起的以幼貉黏液性出血性腹泻、成年貉慢性腹泻为特征的一种传染性原虫病。

【病原】虫体呈卵圆形或梨形，长 6~14 微米，前有 5 根鞭毛。可在犬、猫、猴、人及啮齿类的结肠内繁殖，不需中间宿主，以纵分裂法繁殖，在粪便中可存活数小时至 8 天。

【流行病学】饲养密集、兽舍通风不良、粪便蓄积过多、卫生条件较差是该病发生的主要原因。粪便、饲料、饮水是该病的主要传播途径，貉最初感染可能与饲养场内养鸡或饲喂貉生鸡蛋有直接关系，说明通过鸡将组织滴虫间接或直接传播给貉可能是该病的一种重要传播途径，有待进一步研究证明。

【临床症状】该病多发生于饲养管理及环境卫生条件差的貉场，主要侵害幼貉。临床表现为精神不振，食欲减退或废绝，排黏稠的、恶臭的脓性血便，病貉迅速消瘦和脱水，眼球塌陷，被毛逆立无光，后肢瘫软或站立困难，肛门周围粘有多量的黏稠粪便，逐渐贫血，消瘦，嗜睡，直至衰竭而死。病程 3~5 天，最后因高度衰竭和自体中毒死亡。

【病理变化】可视黏膜苍白，眼窝深陷，皮下脂肪消失；盲肠有出血点和高粱米粒大溃疡性坏死，坏死灶散在分布于盲肠黏膜表面，盲肠内充满脓血样粪便；结肠出血，内容物呈黏稠的黄色或黑色；直肠黏膜弥漫性出血，黏膜增厚，见图7-8。

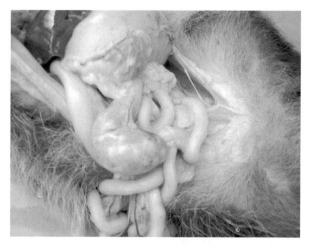

图7-8　组织滴虫病（盲肠溃疡出血）

【防治措施】病貉及时隔离治疗，全群用药物预防组织滴虫对通常使用的抗生素或驱虫药不敏感，临床要选用甲硝唑治疗，可单独或联合应用，效果较好。

①甲硝唑，按25毫克/千克体重剂量内服，一日2次，连用5~7天。

②新诺明拌料，按饲料量的1%添加连用3~5天。

4. 旋毛虫病：旋毛虫病是世界性人畜共患寄生虫病之一，该病是由旋毛虫的成虫寄生于肠管和它的幼虫寄生于横纹肌所引起的肠旋毛虫病和肌旋毛虫病的总称，这两型旋毛虫病在貉体依次发生。

【病原】旋毛虫是一种很细小的线虫。旋毛虫对外界环境因素具有较强的抵抗力，对低温有更强的耐受力。在0℃时，可保持57天不死。但高温可以杀死肌型旋毛虫，一般在70℃时，可以杀死包囊内的旋毛虫。如果煮沸或高温的时间不够，肉煮的不透，肌肉深层的温度达不到致死的温度时，其包囊内的虫体仍可保持活力。貉多因采食旋毛虫感染的动物性饲料而感染旋毛虫病。

【临床症状】貉感染旋毛虫经过若干天，在其粪便中出现带血液的黏液，食欲不振。病貉多躺卧，有时出现跛行，眼睑浮肿，体温升高1～2℃。经过2～3周，逐渐恢复。寄生在小肠里的成虫吸取营养，分泌出毒素，致使貉消化紊乱，表现呕吐，下痢。寄生在肌肉里的幼虫，排出的代谢产物或毒素，刺激肌肉疼痛。

【病理变化】患病貉尸体消瘦。有时发现头、颈部皮下水肿，小肠黏膜充血，个别发生溃疡。在横纹肌内有灶状出血。撕去膈肌的肌膜，在充足的阳光下，肉眼可见针尖大，半透明、稍隆起、乳白色的虫体包囊。

【防治措施】旋毛虫病由于生前不易诊断，以致治疗研究不多。应用丙硫咪唑治疗可收到良好效果。甲苯咪唑为广谱驱虫药，对肠内外各期旋毛虫均有效。按300毫克每千克体重，每天量，分3次服用，连用5～8天。收效快而稳固，无副作用。

预防主要是加强兽医卫生检验，对一些可疑的肉类饲料或来自旋毛虫病多发区的动物肉，一律要高温煮沸处理，为保证肌肉深层达到100℃，在煮沸前应将肉切成小块后高温处理，以彻底杀死虫体。

5. 毛虱病：貉毛虱病是由毛虱引起的永久性外寄生虫病。病貉啃咬或用爪搔抓躯体局部，一般多见于颈部，背侧颈后至肩前或摩擦胸腹侧及腕掌的背面，出现针绒毛断折缺损。

【病原】貉毛虱为虱目、食毛亚目小型无翅的毛虱。体小扁平，呈黄白色或灰白色。毛虱具有宿主的专一性。

貉毛虱为不完全变态，并且只在动物体表上完成其发育。以毛、表皮的鳞片为食，但有时也吞食动物皮肤损伤流出的血液和渗出物。

【临床症状】一般患貉骚扰不安，常呈犬坐姿势，用后爪蹬挠背部或啃咬胸腹侧，乃至掌前部及腕部。被毛粗乱，针绒毛断秃形成面积不等的针绒毛残缺，多发生在颈后、肩前、胸腹侧、掌背腕前。轻者患貉无明显的异常现象，食欲、精神状态正常。严重者除局部被毛缺损外，还有全身症状，即营养不良，消瘦，被毛蓬乱、脱落，不愿活动，食欲不振。局部变化多在冬季能看到，肢体某部出现脱毛或缺损。由于毛虱在体表毛丛中移动频繁，刺激造成痒觉，所以患貉不安，擦摩躯体，啃咬患部。重者由于营养不良和被毛大面积缺损，导致死亡。此病主要造成毛被缺损，影响毛皮质量，或失去毛皮的经济价值。

【诊断】将患貉抓住，在被毛缺损部位的毛丛中检查，有黄白色似皮屑样小昆虫爬动，经显微镜检查可以确诊。

【防治措施】为彻底消除貉体表上的毛虱，可用0.5%～1%敌百虫或12.5%溴氢菊酯进行药浴。药浴时要在温暖的室内或夏天进行，以防感冒。同时要将动物体浸在药液中，将口鼻露出水面以防中毒。如果在严冬季节除虱，可用20%蝇毒磷乳粉，加白淘土配成0.5%蝇毒磷药粉（即20%蝇毒磷粉25克加白淘土975克）用沙布袋往全身的毛丛中撒布，一周后重复用药一次很快痊愈。为了预防毛虱病，兽舍要经常打扫，消毒，保持通风干燥，垫草要勤换、常晒，护理用具也应定期消毒。对新引入的动物必须认真检查，有毛虱者应先灭虱，然后合群。

6. 真菌病：由小孢子真菌属皮肤癣菌侵袭表皮及被毛、爪甲所引起的以皮屑增多、结痂、脱毛、渗出、毛囊炎、瘙痒及传

染性极强的人畜共患皮肤病，也称脱毛癣。各龄期的毛皮动物均
有易感性，但以幼龄动物易感性强。一年四季均可发生，但以潮
湿的夏、秋两季多发。

【病原】引起毛皮动物真菌性皮肤病的病原主要为小孢子菌
属的犬小孢子菌、石膏状小孢子菌、须发癣菌。

【临床症状】患病动物面部、耳部、四肢皮肤发生丘疹、水
疱，形成界限明显的圆形或椭圆形的癣斑，久之融合形成大的不
规则的癣斑，表面附有石棉板样的鳞屑，被毛脱落或有部分长短
不齐的断毛。重者病变蔓延至大部分躯体，皮肤隆起，发红变
硬，有渗出液并形成浅灰色疏松的痂皮，易于剥离（图7-9）。
患病动物瘙痒不安，精神减退，逐渐消瘦、贫血、生长发育
迟缓。

图7-9　真菌性皮肤病

【诊断】用70%酒精消毒患部皮肤，用钝刀刮取患部皮屑，

或剪取鳞屑及被毛。

①直接涂片检查。处理后显微镜下观察，可见分枝的菌丝体和各种孢子。

②真菌培养检查。在所制备的培养基上，30℃温箱中培养48小时后，据培养基上形成的真菌菌落性状对真菌的属种进行鉴定。若2周内仍无真菌生成，则判为阴性。

【防治措施】发现患病动物，立即隔离，并采用下列方法进行治疗。

①剪除患病动物局部残存的被毛、鳞屑、痂皮，用温肥皂水清洗，克霉唑或10%水杨酸软膏或5%～10%碘酊外涂，每天或隔天1次。

②灰黄霉素，内服，25～30毫克/千克体重，连续21～35天。

③继发感染者可选用抗生素治疗。

对患病动物使用过的笼具及周围环境用火焰消毒或适当的消毒剂如5%克辽林热溶液（60℃）等消毒。治疗处理患病动物所剪下的痂皮和被毛应烧毁或深埋处理。饲养人员抓捕操作处理患病动物时须戴一次性手套和口罩，手套用后立即焚烧。

7. 螨病：螨病是由疥螨科和痒螨科所属的螨寄生于毛皮动物的体表或表皮下所引起的慢性寄生虫性皮肤病。该病在貉饲养场广泛流行。猫、犬是貉的重要传染源。秋冬季节，尤其是阴雨天气，有利于螨虫发育，故螨病蔓延较广，发病较重。春末夏初，兽体换毛，通气改善，皮肤受光照充足，疥螨和痒螨大量死亡，这时症状减轻或完全康复。

【病原】螨类是不完全变态的节肢动物，其发育过程包括卵、幼虫、若虫和成虫4个阶段。

【临床症状】

①疥螨。剧痒为该病的主要症状，且贯穿于整个疾病中，一

般先发生在脚掌部皮肤，后逐渐蔓延到飞节及肘部，然后扩散到头、尾、颈及胸腹内侧，最后发展到为泛化型（图7-10）。感染越重，痒觉越剧烈。其特点是病貉进入温暖小室或经运动后，则痒觉更加剧烈使之不停地啃舐，以前爪搔抓，不断向周围物体摩擦，从而加剧患部炎症，同时也向周围散布大量病原。貉由于身体皮肤广泛被侵害，食欲丧失，有时发生中毒死亡。但多数病例经治疗预后良好。

图7-10　螨病

②耳痒螨。初期局部皮肤发炎，有轻度痒觉，病貉时而摇头，或以耳壳摩擦地面、小室、笼网，并以脚爪搔抓患部，引起外耳道皮肤发红、肿胀，形成炎性水泡，并有浆液渗出。渗出液粘附耳壳下缘被毛，干涸后形成痂，厚厚地嵌于耳道内，如纸卷样，堵塞耳道。有时耳痒螨钻入内耳，损伤骨膜，造成鼓膜穿孔，此时病貉食欲下降，头呈90°~120°角转向病耳一侧。严重

病例，可能延至筛骨及脑部，则出现痉挛或癫痫症状。

【诊断】对有明显症状的病貉，根据发病季节以及患部皮肤变化，确诊并不困难。对症状不够明显的病貉，需采取患部皮肤上的痂皮，检查有无螨虫才能确诊。在患病皮肤与健康皮肤的交界处进行刮取。方法是先将患部剪毛，用50%甘油水溶液滴于皮肤患处或外科圆刃手术刀上，使刀刃与皮肤表面垂直，刮取皮屑，直到皮肤轻微出血，将刮取物盛于平皿或试管等容器供镜检。被刮部的皮肤用碘酒消毒。

①直接涂片检查。将病料处理后，置显微镜下检查可见活动的螨虫。

②温水检查法。将病部刮取物浸于40~45℃的水中，置恒温箱内2~3小时，取沉渣于载玻片上，在显微镜下可见大量活动的螨虫。

【防治措施】螨病有高度的接触传染性，遗漏患部，散落病料，都可造成新的感染。治疗螨病采取下列措施。剪毛去痂，为使药物能和虫体充分接触，将患部及其周围3~4厘米处的被毛剪去，将被毛和皮屑收集于污物筒内焚烧或用杀螨药浸泡，用温肥皂水冲刷硬痂和污物，除去结痂部位的硬皮，直至露出结痂硬壳下面出血的皮肤，用5%碘酊涂擦患部。重复用药，治疗螨病的药物，对螨的卵大多没有杀灭作用，因此，即使患部不大，疗效显著，也应治疗后隔5~7天再治1~2次，以便杀死新孵出的幼虫，不让一个螨漏网，以达到彻底治疗的目的。治疗螨病的药物和处方很多，有些已经停用，现介绍目前几种常用药。

①阿维菌素。又叫虫克星，是首选药，一般每千克体重按0.02毫升颈部皮下注射，隔7日1次，连用3次即可治愈。但近几年从治疗效果来看，貉螨对阿维菌素有产生抗药性的倾向。因此，剂量可考虑稍加大。如按每千克体重0.03~0.04毫升使用，隔5日一次，效果较为显著。

②通灭（多拉菌素）。由美国辉瑞公司生产，该药治疗螨病比阿维菌素效果明显，且毒性小，0.03毫升/千克体重，肌内注射，每隔7天用1次，连用2~3次。

③螨净。瑞士产一种有机磷化合物，具有高效、低毒、生物降解快、安全幅度大，无副作用和不良反应等特点，配成250毫克/千克药液，治疗效果达100%。

④双甲脒。为国产新型杀螨药剂。以500毫克/千克浓度大面积涂擦或药浴，安全可靠，治疗效果良好。

当貉发生螨病时，要进行逐步检查，发现病貉立即隔离治疗。对病貉使用过的笼具用2%~3%克疗林或来苏儿溶液消毒。最好在治疗病貉后，立即用上述药浴液对笼具和环境进行彻底消毒，不留隐患。引入新的品种时，应进行严格检查，并隔离饲养一段时间，确无螨病时再混群饲养。饲养人员与病貉接触后，应注意消毒，避免散布病原。为确保人兽安全，不宜用高浓度的来苏儿、石炭酸来治疗螨病，以免发生中毒。

8. 蛔虫病：

【病原】蛔虫病是蛔虫寄生于貉的小肠内所引起的寄生虫病。蛔虫在肠壁中产卵，并随粪便排出体外，虫卵在自然环境下形成幼虫，幼虫又随饲料或饮水径口腔进入小肠，破坏肠黏膜后，幼虫随静脉血进入心脏、肺、气管、咽喉及胃，使这些器官肿胀充血、脂肪变性或坏死，导致蛔虫性肝脏病、蛔虫性肺炎等病。蛔虫在小肠中产卵，机械性刺激小肠黏膜，分泌毒素，使貉的消化机能紊乱。

【临床症状】成貉轻度感染时，一般没有明显的症状。严重者表现消瘦、贫血、下痢和便秘互相交替、呕吐，粪便中有虫体。幼貉感染时，体温升高，下痢，消瘦，食欲减退。有的因吸收了蛔虫产生的毒素而中毒，呈痉挛性的抽搐和嗜睡等，严重者高度衰竭而死。剖检可见肠内有虫体，见图7-11。

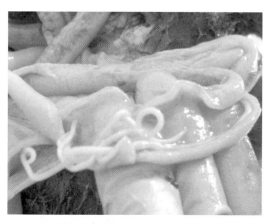

图 7-11　蛔虫（肠道内虫体）

【防治措施】从貉的粪便中检出虫卵或虫体即可确诊。对病貉要隔离饲养，粪便、虫体应烧掉或深埋，笼舍用具要严格消毒，防止传播。驱虫用土荆芥油 1 份，蓖麻油 2 份制成混合剂，每日每只服 1 毫升，1 月龄的仔貉服用时需加温到 30~35℃。或用驱蛔净每千克体重 0.03 克，配成 5% 的溶液混在饲料内喂服。也可用精制敌百虫或驱蛔灵，每千克体重 0.1 克，混合在饲料中喂服。

9. 附红细胞体病：附红细胞体病是由附红细胞体寄生于脊椎动物红细胞表面、血浆或骨髓中而引起的一种人畜共患传染病，俗称血虫病。该病多为隐性感染，在急性发作期出现黄疸、贫血、发烧等症状。

【病原】是最小的一类可自我繁殖的多形性原核微生物，寄生于人、畜红细胞表面、血浆和骨髓等处，属于柔膜体科、支原体属。呈球形、环形、卵圆形、杆状、哑铃状、星形等多种形态，对干燥和化学药物比较敏感，0.5% 石炭酸 37℃经 3 小时可将其杀死。

该病在夏、秋季节多发，蚊、蝇及吸血昆虫的叮咬可以造成该病的传播。该病可以单独发生，但多继发于某些传染病或某些应激情况下，导致机体抵抗力下降而发病流行。

【临床症状】病貉表现精神委顿，不愿站立，呕吐，食欲不振，甚至食欲废绝，体温升高到40~41℃；鼻部干燥、脱皮；结膜初期苍白（图7-12），后期黄染；被毛粗乱、无光泽。病初排出少而硬的黑色粪便并覆以黏液和血液，后期腹泻；脱水严重，尿少，黄褐色或棕红色。脚掌皮肤龟裂、增厚，爪子无光泽，卧地不起。有的出现神经症状。

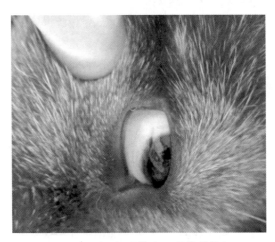

图7-12　附红细胞体病（眼结膜苍白）

【防治措施】

①隔离病貉，对圈舍及周围环境进行彻底消毒。

②西药。对发病貉肌内注射长效土霉素注射液、贝尼尔溶液（3.5毫升/千克体重），每天1次，交替进行。对于食欲废绝、

病情严重的病貉，交替肌内注射长效土霉素、5%的贝尼尔溶液（6毫升/千克体重），同时静脉注射10%葡萄糖、碳酸氢钠和维生素C等药物，防止低血糖和酸中毒。

③中药。水牛角12克、黑栀子9克、桔梗3克、黄芩3克、赤芍3克、生地3克、玄参7克、连翘壳5克、丹皮3克、紫草3克、生石膏18克，加水500毫升，煎开后20分钟取汁，按10~20毫升/千克体重计算，分早、晚2次饮用。

④饲料中添加复合维生素、含硒微量元素进行辅助治疗。严重贫血病貉，配合使用牲血素、维生素C、维生素 B_{12} 注射液，深部肌内注射。连用3~5天，即可痊愈。

⑤高热不退者，可配合肌内注射或静脉注射双黄连注射液，一般为40~80毫升/头，2次/天，连用3天。高热不退达42℃时，肌内注射安乃近注射液。

（四）貉营养代谢病诊断及防治措施

1. 维生素缺乏症：

（1）维生素A缺乏病。维生素A具有防止夜盲症和干眼症、促进骨骼牙齿的正常生长发育、保护上皮细胞完整的功能，增强毛皮动物的免疫力和对疾病的抵抗力。

【临床症状】维生素A缺乏或不足时，经1~3个月时间即出现临床症状，会引起黏膜上皮干燥和过度角化，尤以眼结膜、生殖器官的黏膜病更为严重。病貉视力减弱，反应迟钝，眼睑肿胀，眼球突出，严重者头部肿胀，角膜混浊，并伴有神经症状。繁殖期缺乏维生素A时，公貉表现性欲减退，睾丸缩小，精子活力不强，精子畸形和死精子等母貉发情不正常，性周期紊乱，造成失配，空怀、流产、死胎或胚胎吸收。当仔貉患维生素缺乏症时，生长发育停滞，出现消化机能紊乱、下痢、体质衰弱、换牙推迟和进行性消瘦。

【防治措施】合理搭配饲料，注意加工方法，不喂酸败、变质饲料，经常补给维生素 A，每日每只 1 000~2 000 国际单位。特别在准备配种期、妊娠期、哺乳期、要加喂维生素 A 或鱼肝油。除改变单一日粮，补给青绿和动物性饲料外，可用以下药物治疗。

浓鱼肝油丸（每丸含维生素 A 10 000 国际单位、维生素 D 1 000 国际单位），成貉 1 丸／次，2 次／天；幼貉酌减。或维生素 A 糖衣丸（每丸含维生素 A 2 500 国际单位），成貉 2 次／天，4 丸／次；幼貉 1~3 丸。也可用维生素 AD 注射液（1 毫升含维生素 A 50 000 国际单位），成貉每次 1 毫升；幼貉酌减。

（2）维生素 D 缺乏病。维生素 D 是骨正常钙化所必需，促进肠道钙和磷的吸收，促进骨骼和牙齿的正常生长发育。

【临床症状】仔貉易发生该病。主要表现在生长的最旺盛时期。佝偻病的发生呈渐进性发展。病的初期兴奋性增强，食欲减退、异嗜，不爱活动，逐渐消瘦，生长发育停滞，被毛蓬乱，常常发生胃肠道机能紊乱，有时出现强直性全身痉挛。病情严重时，病貉精神沉郁，步行蹒跚，肌肉松弛，关节肿大，颚骨肿大，牙齿松动，肋骨下端明显凸起，四肢呈拱背状，脊柱弯曲，腰椎骨下陷呈塌腰状。更甚者，病貉不能站立，拖地行走。后期严重时衰竭死亡。

【防治措施】在饲养管理上注意改善光照条件。仔貉生长期间，在日粮中每日每只加鲜骨 30 克或骨粉 3 克，最好在日粮中混合一定量比例的鱼、兔头和骨架。每天每只补喂鱼肝油 0.5~1.0 毫升。

肌内注射维生素 D 2 万国际单位/次，每周 1 次，连用 3~5 次。也可口服骨化三醇，同时补充钙剂。

对病情严重或疗效较差的患貉，肌内注射同化激素苯丙酸诺龙，每次 2~4 毫升，每 2 周 1 次。同时，适当增加饲料中的蛋白质含量，使其较好地发挥同化作用。

（3）维生素 E 缺乏。维生素 E（生育酚）能维持动物正常的生理机能，防止肌肉萎缩，具有抗氧化作用，与硒具有协同作用。

【临床症状】当貉维生素 E 缺乏或不足时，其繁殖机能受到破坏，母貉配种期拖延，不孕和空怀数增加及流产，产仔数减少；仔貉虚弱，易死亡；公貉性机能减退或消失，精子生成障碍。表现代谢机能障碍时，为黄脂病、肝中毒性营养不良。

【防治措施】对维生素 E 缺乏或不足的病貉，可以肌内注射维生素 E 注射液，详细使用方法请参阅药品说明书；也可以口服维生素 E 丸，但喂前要用温水泡开，不要把干维生素 E 胶丸放在饲料里，因为干药丸易被貉挑出。

如果伴有食欲不佳和黄脂肪病出现可以采取维生素 E 每千克体重 5~10 毫克，青霉素 10 万~20 万单位/千克体重，维生素 B_1 或复合维生素 B 注射液 0.5~1 毫升，分别肌内注射，每天 1 次。直到病情好转，恢复食欲。消炎类抗生素可以根据场或单位具体情况，用青霉素、土霉素以及磺胺嘧啶、喹诺酮类的药物均可。

（4）维生素 C 缺乏症。维生素 C 又叫抗坏血酸，或抗坏血维生素，广泛参与动物机体多种生物化学反应，最主要的功能是参与胶原的生成和氧化还原反应，能刺激肾上腺皮质激素的合成，促进肠道内铁的吸收，使叶酸还原成四氮叶酸，具有抗应激和提高抗病力作用。

【临床症状】仔貉易发生，一周龄内仔貉患病常被称为"红爪病"。四肢水肿是新生仔貉红爪病的主要特征，关节变粗，趾垫肿胀，患部皮肤紧张和高度潮红。随病程发展趾间形成溃疡或龟裂。脚掌正常或伴有轻度充血。患病仔貉发出尖锐叫声，不间断的前进（乱爬），向后仰头，似打哈欠。患病仔貉不能吸吮母貉乳头，结果使母貉发生乳腺硬结，母貉开始不安，沿笼子拖拉仔貉，甚至咬死仔貉。

【防治措施】可将维生素 C 配成 3%~5% 溶液，用滴管滴入发病仔貉口腔，每次 1 毫升，2 次/日，直到水肿消失；溃疡严重时，局部涂紫药水；在保证母貉饲料全价的情况下，饲料中可适当添加维生素 C 和维生素 B$_{12}$。对病情严重者，可皮下注射 3%~5% 维生素 C 溶液，一次 1~2 毫升，每天 1 次，连续注射 3 天，隔 3 日后再注射 1 次。

对于妊娠反应的母貉，要提供适口性好、富含维生素 C 的饲料，如青菜、胡萝卜、水果、牛奶、新鲜无病的动物肝脏等，或在日粮中补充适量的维生素 C。产仔后 5 天内，坚持检查仔貉，对发病的仔貉投给 3%~5% 的维生素 C 溶液，每只每次 1 毫升，口服可用滴管喂给，每天 2 次，直至水肿消失为止。

（5）维生 B$_1$ 缺乏症。维生素 B$_1$（硫胺素）的主要功能参与能量代谢，需要量与摄入的能量直接相关。维持神经组织和心脏的正常功能，维护肠道的正常蠕动。提高动物的食欲，防止神经系统的疾病发生。

【临床症状】维生素 B$_1$ 不足时，会引起多发性神经炎，病貉表现厌食或拒食，消化机能加障碍，目光迟钝，鼻镜干燥，有时腹胀，下痢，有的呕吐白沫或血沫，全身蜷缩，消瘦，被毛蓬乱，步态不稳，可视黏膜苍白。随着病程的发展，出现痉挛，角弓反张，共济失调，后躯麻痹不能站立，呈匍匐前进。妊娠母貉可导致孕期拖长、胚胎吸收、难产、死胎、产后母貉缺乳，仔貉发育停滞，生命力弱，死亡率增高。

【防治措施】当确定貉发生维生素 B$_1$ 缺乏症时，可口服维生素 B$_1$ 5~10 毫克，土霉素 0.25 克或肌内注射维生素 B$_1$ 或复合维生素 B 0.5~1 毫升。

若在妊娠后期出现流产、烂胎时，可在注射维生素 B$_1$ 的同时，注射维生素 E 和青霉素 30 万~40 万国际单位。大群动物在饲料中投给维生素 B_1 粉，病情很快好转恢复正常。

预防该病首先要在母貉饲料中补充足量的维生素 B_1 制剂，增加富含维生素 B_1 的饲料，如新鲜的肝、瘦肉及酵母等。

（6）维生素 B_2 缺乏症。维生素 B_2（核黄素）为体内黄酶类辅基的组成部分（黄酶在生物氧化还原中发挥递氢作用），当缺乏时，就影响机体的生物氧化，使代谢发生障碍。

【临床症状】缺乏或不足时，生长发育缓慢、逐渐消瘦、衰弱、食欲减退。引起神经机能紊乱、后肢不全麻痹、步态摇晃、痉挛及昏迷状态。心脏机能衰弱，全身被毛脱落，黑色毛皮动物被毛褪色，变为灰白色或者毛色变浅。母貉发情期推迟，长期缺乏，造成不妊。新生仔貉畸形，腭分开，骨缩短。5 周龄仔貉完全无毛或在哺乳期呈灰白色绒毛，具有肥厚脂肪皮肤，腿部肌肉萎缩，运动机能衰弱，全身无力，晶状体混浊，呈乳白色。

【防治措施】发现该症时，及时对仔貉注射或口服维生素 B_2，治疗剂量为每千克体重 0.5 毫克。每日 2 次。同时增加母貉日粮中肝、酵母、蛋及乳的含量，在饲料中添加复合维生素 B 添加剂或精品维生素 B。

（7）维生素 B_6 缺乏病。维生素 B_6（吡哆醇）主要与蛋白质代谢的酶系统相联系，也参与碳水化合物和脂肪的代谢涉及体内50 多种酶，与红细胞的形成有关。

【临床症状】维生素 B_6 不足，妊娠期母貉空怀率高，仔貉死亡率高，成活率低，妊娠期延长。公兽配种期，性功能低下，无精子，睾丸发育不好，无配种能力。仔貉生长发育高度落后，皮炎、癫痫样抽搐、小细胞性低色素性贫血及色氨酸代谢受阻；健壮公兽尿结石与维生素 B_6 不足有关。

【防治措施】给予病貉易消化的富含维生素 B_6 的饲料肉、蛋、奶等。及时补给维生素 B_6 制剂，能收到良好的效果。合理

计算日量中维生素 B_6 的含量，特别是妊娠期和发情期更要重视。

（8）维生素 B_{12} 缺乏症。维生素 B_{12}（氰钴素）是几种酶系统的辅酶，促进胆碱、核酸合成；促进红细胞成熟，防止恶性贫血；促进幼兽生长。

【临床症状】维生素 B_{12} 缺乏时貉表现贫血，可视黏膜苍白，消化不良，肝脂肪变性，食欲丧失。妊娠期维生素 B_{12} 缺乏，会使仔貉死亡率增高，母貉吃掉仔貉的数量也同样增加。

【防治措施】貉在繁殖时期饲料中要补给一定量质量好的酵母，6 微克/（千克·天）。用维生素 B_{12} 注射液治疗效果比较好，10~15 毫克/千克体重，肌内注射，1~2 天注射 1 次，直至全身症状改善消失，停止用药。

（9）叶酸缺乏症。叶酸参与丝氨酸和甘氨酸的相互转化及核酸的合成，也与血液生成有关。

【临床症状】当叶酸缺乏时，可引起严重贫血，消化失调和被毛形成缺损为特征的疾病。临床主要表现为衰弱、腹泻、可视网膜苍白。红细胞减少，血红蛋白降低。被毛蓬松，部分褪色表现被毛褪色和脱毛，脱毛开始于耳间，并逐渐扩展到头、前肢、躯干、背部直至尾部。育成貉叶酸缺乏时，生长明显受阻。

【防治措施】对妊娠和哺乳期的母貉，必须在日粮内给予含叶酸高的饲料，如动物肝脏、酵母、绿色蔬菜，节制使用抗生素。当贫血和肝脏疾病时，可内服叶酸，每天剂量为 0.5~0.6 毫克，到完全治愈为止。叶酸每千克体重每天给量不能超过 2 毫克。

（10）泛酸缺乏症。泛酸是辅酶 A 的辅基，参加体内酰基的转化。防止皮肤及黏膜的病变及生殖系统的紊乱。

【临床症状】该病突然出现，经过很快。早期症状是生长缓慢，长期则招来昏迷，脉搏频数、呼吸加快，呕吐和痉挛。被毛脱色，最初耳间发现脱毛，后扩延整个头、前肢及躯干，至 9 月呈灰色外观。针毛褪色，毛皮呈褐色镶边。以后从尾部开始脱落、变稀。

【防治措施】注射泛酸钙，每日1次，每次5毫克，连用7天。日粮中补充肝、豆浆、乳制品及干酵母和新鲜的蔬菜。每日补充泛酸钙1.0~1.5毫克，妊娠期增加到5~10毫克。禁止饲喂变质的动物饲料和过量的谷物性饲料。长期以干饲料喂貉时，必须补充泛酸钙。

（11）维生素 H 缺乏症。

【临床症状】貉生物素缺乏时，主要表现表皮角质化、被毛卷曲脱色和剪毛样外观，开始见于尾、脚部，逐渐向前方及左右两侧扩展，向前直达第5胸椎，剪毛面积占体表总面积的2/5以上。换毛季节表现换毛不全和拖延，再生新毛困难，被毛脱色，有的常咬毛尖和尾尖。患貉空怀率增高，所产仔貉脚掌水肿，被毛变色。

【防治措施】对病貉治疗可注射生物素，每次0.5毫克，每隔1天注射1次，直至症状消失为止。配种期、妊娠期及仔貉育成期，不要喂给生鸡蛋、生淡水鱼和带有氧化脂肪的饲料，不要经常投喂抗菌药物，日粮中增加肝和酵母的含量，并要适当补充生物素制剂。

2. 佝偻病：佝偻病是幼龄动物钙磷缺乏或代谢障碍，引起成骨过程延迟、骨盐沉积不足、骨质钙化不良，未钙化的骨基质增多，长骨可呈现软化变形的病症。

【临床症状】佝偻病常发生在生长发育较快的仔貉，最明显表现是肢体变形，两前肢肘外向呈"O"形腿，有的病貉肘关节着地。最先发生于前肢骨，接着是后肢骨和躯干骨变形。在肋骨和软骨结合处变形肿大呈念珠状。仔貉佝偻病形态特征表现为头大，腿短弯曲，腹部增大下垂。有的仔貉不能用脚掌走路和站立，而用肘关节移行。由于肌肉松弛，关节疼痛步态拘谨，多用后肢负重，呈现跛行。定期发生腹泻。病貉抵抗力下降，易感冒或感染传染病。患佝偻病的幼貉，发育落后，体型短小。如不及时治疗，以后可转成纤维素性营养不良。

【防治措施】必须给予维生素 D，常用维生素 D 油剂或鱼肝油，每千克体重 40~50 国际单位。同时应增加日照时间，日粮内投予新鲜碎骨或骨粉。

3. 硒缺乏症：硒缺乏症死亡率很高。幼貉缺硒多发生在 5~9 月，2~4 月龄的断乳幼貉在夏季多雨、高温或营养不良时发病率较高。

【临床症状】

①成貉。貉缺硒病的症状主要以心力衰竭，呼吸困难，消化系统紊乱，运动障碍以及神经症状为主要特征，在临床上可分为急性与慢性两种类型。

a. 急性型：病程短促，常在无任何明显症状情况下突然死亡。剖检见骨骼肌与心肌纤维变性，心肌呈鱼肉样或煮肉状。

b. 慢性型：精神沉郁，食欲减退，眼结膜有轻重不同的炎症和角结膜混浊现象，心跳加快，无力，节律不齐。轻者喜卧，不愿行走，运动时后肢不灵活，步态蹒跚；重者四肢颤抖，后肢软弱无力，不能支持体重，迫其行走时，左右摇晃，步态不稳，常呈一侧或两侧后肢拖曳前进；特别严重时，后躯完全麻痹，不能行走，呈犬坐势，呼吸困难，间歇性呻吟，伴有抽风，食欲废绝。

②仔貉。患病仔貉除上述症状：身体虚弱，粪便中带有白、灰或黄痢，有时还带有鱼肉状乳白色脓汁；爪红水肿，嘴鼻充血，四肢及尾端有痂皮。严重者叫声无力，呼吸急促牙关紧闭，角弓反张。

【防治措施】发现患此病要及时治疗。

①成貉。0.1%亚硒酸钠液每只一次肌注 2 毫升，同时口服

维生素 E 5 毫克。一周后再进行一次，即愈。

②仔貉。首先将患病仔貉安置于温暖的地方。然后再进行药物治疗。每只肌注 0.1%亚硒酸钠液 0.3~0.5 毫升，同时将 1~2毫克维生素 E 溶于牛奶中灌服，第二天便见效。一周后再进行一次即愈。

主要补充硒制剂和维生素 E，日粮硒的含量需达到 0.1~0.15 毫克/千克，维生素 E 10~20 毫克/千克。其次是冬春、配种、怀孕、产仔、分窝季节，尤其在繁育季节，每月都要增补 1次硒和维生素 E，增至日粮的 1 倍即可。若喂熟食时，需待食温降至 50℃ 以下方可添加硒和维生素 E，以防高温受热破坏药效。

4. 食毛症：食毛症是笼养貉的常见病，一年四季均可发生，该病主要是由于某些营养物质缺乏而引起的一种营养代谢病，病因尚未明了。

【临床症状】有的突然发生经过一夜，将后躯被毛全部咬断或者间断的啃咬，严重的除头颈咬不着地方外，都啃咬掉，毛被残缺不全。尾巴呈毛刷状或棒状，全身裸露。如果不继发别的病，精神状态没有明显的异常，食欲正常，当继发感冒、外伤感染易患各种并发症，或由于食毛引起胃肠毛团阻塞而死亡。

【防治措施】加强科学饲养管理，喂料做到定时、定量，日粮构成保持相对稳定，注意补充含硫量高的动植物蛋白饲料，如骨粉、羽毛粉、蚕蛹粉、豆饼等。

补充富含铜、钴、钙等矿物质饲料，并给予足够的各种维生素。病情严重时可每 50 千克饲料添加维生素 B_1 和维生素 B_6 各 25 克，连用 5~7 天。

每年春季驱虫 1 次，可口服左旋咪唑 50~70 毫克，也可使用阿维菌素或通灭，按照说明剂量进行肌内注射或口服。

一旦发现貉便秘，消化不良，食后有腹痛或呕吐现象，应及时采取措施进行对症治疗。如处理不及时，很可能继发食毛症。

治疗便秘可用温肥皂水灌肠，也可灌服蓖麻油、液体石蜡和硫酸铜等。同时，多喂些易消化饲料。

5. 貉白鼻子综合征：白鼻子综合征是貉的一种常见病、多发病，特别在饲喂商品配合料的情况下更为普遍。

【临床症状】患白鼻子综合征幼貉比例较大，起初表现为鼻端无毛区鼻镜原来的黑色或褐色逐渐出现红点，以后红点逐渐增多变为红斑（此时习惯称为红鼻病），再后变成白点，最后整个鼻端变成白色，即是人们俗称的"白鼻病"。以后脚垫部发白、增厚、开裂，个别的发生溃疡；趾爪部表现为爪长得很长并弯曲，趾爪发干无润滑感，呈深红色或暗红色，影响站立（此时习惯称为红爪病、干爪病）。四肢部表现为肌肉干瘪、萎缩，紧贴腿骨，发育不良，直立困难；肢部被毛短而稀少，不断脱落，被毛干燥易断，粗糙无光泽。被毛表现为褪色，颜色变浅，被毛出现斑块状脱落，有食毛症状，毛被参差不齐像剪过一样，毛被生长迟缓，有皮炎症状。

仔貉阶段起初发育基本正常，断奶后的幼貉阶段症状比较明显，表现为冬毛生长以前幼貉生长停止，甚至出现渐行性消瘦，严重的可能因营养不良而死亡。

成年貉患此病除以上症状外，在繁殖方面还表现为漏配、胚胎吸收、流产、死胎、烂胎等现象；产出的仔貉表现为皮肤不是正常的黑灰色，而是灰白色、粉白色或粉红色，生命力很差，常在出生后几天内陆续死亡。

【防治措施】

①注意水溶性维生素补加，减少维生素破坏：要尽量保证饲料新鲜，采取减少饲料贮存时间，尽量加快喂饲速度等综合措施，以减少维生素破坏。貉配料生产厂家要特别注意水溶性维生素的有效添加，并尽量减少在加工和运输过程中的破坏。

②补加新鲜优质动物性饲料，使蛋白质更全面：饲喂完全配

合的颗粒饲料养貉，不仅维生素容易缺乏，由于其蛋白质主要来源于各种油饼类及鱼粉、蚕蛹粉等干饲料，貉对干饲料消化率较低，也容易造成某种氨基酸缺乏或不足，从而对其生长发育及健康产生不同程度的影响，乃至出现一些疾病。因此，建议以完全配合的颗粒饲料养貉的养貉场，有必要在日粮中添加一定比例新鲜的动物性饲料，以保证饲料的营养全面。

③补加酵母与蔬菜：酵母中含有维生素 B_1、维生素 B_2、泛酸、维生素 H、维生素 B_6 等，每日每只幼貉育成期补加 5 克、泌乳期母貉 14 克、恢复期 5~8.5 克、妊娠期 7.8~10.4 克、配种期 7.8 克、冬毛生长期和准备配种期 13.6 克。蔬菜中不但含有维生素 B_1、维生素 C 等多种水溶性维生素，同时蔬菜中含有的少量纤维素还有利于促进貉胃肠蠕动，对维持其正常的消化机能有着不可忽视的作用。不同时期每日每只可补加蔬菜 100~150 克（喂配合干饲料在蔬菜不足时可酌情少加）。

④严禁无目的的添加抗生素：在养殖过程中，无论治疗与预防疾病，使用抗生素都要做到有计划，严格按照用药规程用药，杜绝长期无计划、无明确目的和针对性用药，以避免貉消化道中微生物群系遭受破坏，干扰维生素和微量元素正常的吸收和利用，影响微生物对维生素的合成，导致营养缺乏症和代谢疾病。

⑤确保饲料新鲜优质：养貉生产中保证饲料新鲜优质十分重要。生产中购买商品配合料要尽量减少中间环节，尽量缩短商品料从生产到饲喂的总合时间；在实际饲喂操作过程中，喂饲速度要快，做到快配料、快喂饲，以及少剩料、新料剩料不混配等原则。

6. 黄脂肪病：黄脂肪病又称脂肪组织炎、肝脂肪变性、肝脂肪营养不良。该病的发生因饲料内脂肪酸败，而又未加抗氧化剂的情况下发生。

【临床症状】该病一年四季均可发生，但以炎热季节多见，多发生于生长迅速、体质肥胖的幼貉。急性型：有时无先兆症状而突然死亡或见腹泻，粪便呈绿色或灰褐色，混有气泡和血液，最后变成煤焦油样粪便，食欲废绝，饮欲增加，触摸鼠蹊部可感知有较硬的结块；可视黏膜轻度黄染。慢性型：食欲大减，生长停滞，体重减轻，被毛蓬乱无光，病至后期，出现腹泻，粪便黑褐色并混有血液，步态不稳。

剖检可见口腔黏膜黄染，皮下脂肪黄染，常可见胶样浸润或脂肪液化，有的皮下有出血点，皮下脂肪变硬，呈黄褐色，特别是腹股沟两侧脂肪尤为严重。淋巴结肿大，胸、腹腔有黄红色的渗出液。肠系膜、大网膜及脏器沉积黄褐色脂肪，肠系膜淋巴结肿大，胃黏膜黄染，见图7-13。有的膀胱内充满深色的尿液。

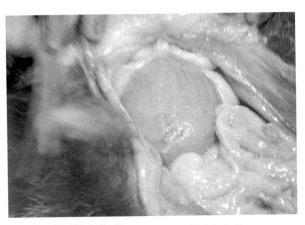

图7-13 黄脂肪病（肠系膜脂肪变性）

【防治措施】该病无特殊治疗方法，为预防继发感染，可肌注青霉素10万~20万单位。在饲料中补充维生素E和氯化胆碱能预防该病的发生。特别是长期饲喂贮存过久或已氧化变质的鱼类更应大剂量补充维生素E和氯化胆碱。如已确诊貉发生了黄脂肪病，应立即停喂变质的鱼、肉类，更换新鲜的动物性饲料，同时对病貉注射维生素 E，每千克体重 10 毫克，维生素 B_1 每次 25~50 毫克。对消化系统有炎症的，可选用庆大霉素、诺氟沙星控制肠炎。

（五）貉常见中毒病诊断及防治措施

1. 肉毒梭菌毒素中毒：该病是由于貉采食被肉毒梭菌毒素污染过的饲料、饮水后而引发的一种中毒性疾病，毒素主要作用于神经、肌肉结合点，引起机体由下而上的麻痹，肉毒梭菌毒素有很强的毒力，能使多种动物致病，人也可以感染发病。

【临床症状】该病的潜伏期为数小时至 10 天。临床上可分为以下几种类型。

①最急性型。病貉卧地，不能站立，表现为痉挛、昏迷、全身麻痹，经数分钟或十几分钟死亡。中后期病程拖长，数小时至数天死亡，死亡率近 100%。

②急性型。较多见。病貉首先表现动作不协调，行走摇晃，随后出现全身性麻痹。首先是后躯麻痹，站立困难，常侧卧，有的舌脱出口外，下颌麻痹而下垂，吞咽困难，不能采食和饮水，流涎，呼吸困难，脉搏频数微弱，排粪失禁，有腹痛。病貉意识基本正常，体温多无变化，死前体温下降，最后心脏麻痹，窒息而死。

③慢性型。舌和喉头轻度麻痹，肌肉松弛无力，步态不稳，容易卧倒，起立困难，肠音减弱，粪便干燥，病程可持续 10 天左右。

【防治措施】该病发病急，病程短，很难治疗，所以应做好预防接种和预防工作。

注意做好环境卫生工作，动物尸体、残骸要及时清除。饲料应确保低温贮存，不要堆放过厚，防止发霉变质。加工调配好的饲料要及时饲喂，不要存放过久。不可用病死的动物和腐败肉质，失鲜和可疑饲料要经煮熟后再喂。用 C 型肉毒梭菌疫苗，每次每只貉 1 毫升，免疫期为 3 年。

治疗时，可注射多价 C 型肉毒梭菌抗毒素，以中和消化道和血液中游离的毒素，但对已与神经、肌肉结合点结合的毒素无解毒作用。本病中药疗法：黄花 60 克，当归 6 克，川芎 3 克，赤芍 5 克，红花 3 克，桃仁 3 克，地龙 3 克，桂枝 3 克，牛藤 3 克，加皮 3 克，煎汤内服。

2. 食盐中毒：食盐是动物体内不可缺少的矿物质成分。日粮中有适量食盐，可增进食欲，改善消化，保证机体水盐代谢平衡。但摄入食盐过多，特别是饮水不足时，则发生中毒。

【临床症状】貉食盐中毒，可见兴奋不安，从口鼻流出少量泡沫状唾液，主要表现为急性胃肠炎症状，呕吐、腹泻、全身衰弱。有的运动失调，排尿失禁，继而四肢麻痹。

【防治措施】如有发病，应立即停止饲喂含食盐的饲料，加强饮水，但有限制地、间隔短时间地给予少量饮水，及时内服牛奶、绿豆浆等，肌内注射 10%安钠咖 0.05~0.1 毫升，皮下注射 25%葡萄糖 15~20 毫升。病情严重者，可皮下注射 10%~20%樟脑油 0.5~1 毫升。

3. 霉菌中毒：主要是给貉饲喂发霉的玉米或玉米面而引起的中毒，多为黄曲霉、镰刀菌等。

【临床症状】急性病貉精神萎靡，食欲减退或废绝，步态蹒跚、黏膜苍白、黄染，体温正常，粪便干燥，有时带血，尿呈茶色。有时出现神经症状，抽搐，抓挠笼子，在笼子里转圈，并发出尖叫声，常在 2 天内死亡；慢性病例表现为食欲不振、被毛粗乱、消瘦、拱背卷腹及粪便干燥，1 周后出现神经症状，兴奋、狂躁，驱赶时抓咬笼壁，步履失去平衡性，常在 2 周左右死亡。

【防治措施】更换饲料原料，应立即停喂有毒饲料，撤出尚有剩食的饲盆（碗）。饲料中加喂蔗糖或葡萄糖、绿豆水解毒，静脉或腹腔注射 10% 葡萄糖 20 毫升、维生素 C 1~5 毫升、维生素 K 1~4 毫升。为预防并发症可肌内注射青霉素 10 万~40 万单位，1 日 2 次。

4. 亚硝酸盐中毒：

【临床症状】表现后肢麻痹，四肢发冷，呼吸困难，口吐白沫，呕吐下痢，不及时治疗能引起死亡。病貉表现出典型的缺氧状态，呼吸困难，肌肉颤抖，四肢无力，步态不稳，皮肤青色，黏膜发绀，脉搏增数、微弱。此外还表现为流涎、口吐白沫、呕吐，腹泻。个别貉也有不显任何症状而突然死亡的。

【防治措施】发现患病后应更换饲料原料，增喂清水、牛奶或糖水。1% 美蓝水溶液、维生素 C 每千克体重 1 毫升，肌注，1 日 1 次；或 0.1% 亚甲蓝每千克体重 0.1~0.2 毫升，同时配合维生素 C 一起静脉注射。

该病应以预防为主，煮熟的青菜不宜保存过长时间，堆放发热的青绿饲料或腐烂的菜不要喂貉。

5. 有机磷农药中毒：有机磷农药常用的有以下几类：磷酸酯类（敌敌畏、久效磷、三甲苯磷、毒虫畏和杀虫畏等）、硫代磷酸酯类（对硫磷、蝇毒磷、皮蝇磷、马拉硫磷和乐果等）、磷酸酯和硫代磷酸类（敌百虫、苯硫磷等）。

【临床症状】貉急性中毒时，呼吸困难、打喷嚏、气喘不安、流涎、有泪、排便频繁、黏膜发绀、瞳孔缩小，对外界刺激反应增强，个别肌群痉挛收缩或震颤，运动失调等。最后昏迷而死。

【防治措施】有机磷农药中毒的治疗原则是，首先实施特效解毒，胆碱酯酶复活剂有解磷定、氯磷定、双解磷、双复磷等。解磷定和氯磷定的用量一般为每千克体重 15~30 毫克，以生理盐水配成 2.5%~5% 溶液，缓慢静脉注射，以后每隔 2~3 小时，注射 1 次，剂量减半。视症状缓解情况，可在 24~48 小时内重复注射。双解磷和双复磷的剂量为解磷定的一半，用法相同。常用的乙酰胆碱拮抗剂是硫酸阿托品。由于有机磷农药中毒的机体，对阿托品的耐受力常成倍增加，又系竞争性对抗剂，因此，必须超量应用，达到阿托品化，方可取得确实疗效。硫酸阿托品的一次用量，貉 0.03~0.08 毫克，皮下或肌内注射，临床实践表明，阿托品与胆碱酯酶配合应用，疗效更好。

然后尽快除去尚未吸收的毒物。经皮肤沾染中毒的用 1% 肥皂水或 4% 碳酸氢钠溶液洗刷，经消化道中毒的，可用 2%~3% 的碳酸氢钠或食盐水洗胃，并灌服活性炭。但需注意，敌百虫中毒不能用碱水洗胃和洗涮皮肤，因为敌百虫在碱性环境内可转变成毒性更强的敌敌畏。

(六) 貉普通病诊断及防治措施

1. 外科病：

(1) 咬伤。笼养貉的咬伤主要发生在配种期和仔貉分窝前期，由于同笼内的貉相互撕咬而致伤。也偶见于邻笼貉之间的咬伤。

【临床症状】临床上被咬伤的貉很容易发现。如局部掉毛、出血、化脓等。严重者有发热，食欲减退，精神萎靡等表现。

【防治措施】对于新鲜创可涂以碘酊，然后用酒精脱碘，再撒布消炎粉或涂土霉素软膏。对于污染创和化脓创，要先用 3% 双氧水或生理盐水清洗，并切除坏死组织，撒上消炎粉。对皮肤，肌肉已撕裂者，应予以缝合。

当貉出现全身症状时（如发热、拒食等），应肌内注射青霉素 20 万~30 万单位、复合维生素 B 0.5~1 毫升，每日 1~2 次。

(2) 骨折。貉的骨折并不多见，但有时也会因为笼网眼的尺寸不合适，或捕捉不当等原因而发生骨折，而且多数是四肢骨的骨折。

【临床症状】当发现貉行走姿势异常时（如三条腿走路，跳跃等），就应认真观察和触摸不能着地的腿，看腿骨是否有明显的折断现象和局部剧烈疼痛反应。开放性骨折表现为皮肤撕裂，骨茬露出，流血，临床上很易发现。

【防治措施】轻微的骨折，一般通过精心饲养可以自愈。也可以在饲料中加入 1 份炒熟的老黄瓜籽和 3 份去齿猪下颌骨的煅炭化粉末，成貉每只每次可加入 25 克，仔貉酌减。严重的骨折，如果是非开放性的，可以用夹板或石膏固定，如果开放、流血，则应先清洗消毒，撒上消炎粉或青霉素粉，缝合裂口后再固定夹板或石膏。同时都应肌内注射青霉素 20 万~40 万单位，每日 1~2 次。

（3）脓肿。这是一种由于组织器官内形成空洞与脓腔并蓄有脓汁的局限性炎症过程。机械外伤和维生素 B_{12}、维生素 E 的缺乏，可使貉体抵抗力下降，化脓性链球菌、葡萄球菌感染而发病。

【临床症状】脓肿常发生在皮下的结缔组织、筋膜下层及表层肌肉组织中，初期局部肿胀无明显界限，只是稍高出皮肤表面，触诊坚实并有剧热的疼痛反应。后期局部软化，有波动感。由于脓汁溶解表层的脓肿膜和皮肤，脓肿可自溃排脓。但临床上常因皮肤溃口过小，脓汁不易排尽，因而长期不易自愈。

【防治措施】脓肿初期，可用消炎、止痛及促进炎症产物消散吸收的方法，在局部肿胀处涂擦樟脑软膏或醋酸铅散（处方：醋酸铅 100 克、明矾 50 克、樟脑 20 克、薄荷 10 克、白陶土 82 克）。后期脓肿成熟，但常不能自行消散吸收，只有当脓肿自溃排脓或手术排脓后才能治愈。常用的手术方法如下。

①抽出法：用注射器将脓腔内的脓汁抽出。然后用生理盐水或 0.1%高锰酸钾水反复冲洗脓腔，最后向腔内注入青霉素溶液。

②切开法：脓肿出现波动后，即可切开。切口选在波动明显且容易排出内容物的部位。用3%双氧水或0.1%高锰酸钾水冲洗脓腔，最后在脓腔内加入消炎粉或青霉素粉，缝合切口，必要的可以放入沙布条做引流。同时肌内注射青霉素20万~40万单位。

（4）脱肛。该病多发于幼龄貉，主要是由于消化不良和重度腹泻而继发引起的。

【临床症状】病貉多数营养不良、体弱，消瘦，而且多数长期腹泻，排便时从肛门内脱出肠管，很易被发现。如不及时治疗，脱出的肠管与笼网摩擦以及肛门括约肌钳闭而发生充血、损伤和水肿致使垂脱的肠管不易还纳。

【防治措施】病初可用0.1%高锰酸钾温水洗脱出的肠管（水温在40~44℃为宜），然后用手或试管压迫直肠黏膜，徐徐还纳肠管。同时要改善饲养管理，控制腹泻。对反复脱出的患貉，应在肛门口实行烟包缝合，8~9天拆除缝线。

2. 泌尿生殖系统疾病：

（1）乳腺炎。貉乳腺炎是貉产仔期常见病。一般为1~2个乳房发病。病貉长时不进小室，当仔貉吮乳触及患乳房，貉疼痛而弃仔，甚至咬伤仔貉或冻饿而死。

【临床症状】患貉乳房红肿、发热，硬结触摸时有疼痛反应。有的可见明显伤痕。该病一般开始是浆液性的，而后转为化脓性的，最后由于结缔组织增生而成为纤维素性乳腺炎。貉乳房感染化脓后，有的破溃，流出红黄色脓汁，这时病貉拒绝哺乳，食欲减退，徘徊不安。仔貉在笼内乱爬，并有"吱吱"的叫声。

【防治措施】用0.25%奴佛卡因稀释青霉素或链霉素，在乳房患部进行多点封闭注射，一般可获得满意效果，必要时隔2~3天可再次注射。

对乳腺红肿的患貉，可挤出乳汁后按摩。初期冷敷，后期热敷，并肌内注射青链霉素。

局部化脓患的貉，要切开排脓，并用 0.1%雷佛奴尔冲洗，脓腔内注入青链霉素。也可同时配合肌内注射抗生素治疗。

对患病时间长而又拒食的貉，要皮下多点注射 5%~10%的葡萄糖 20~30 毫升，维生素 C 0.5~1 毫升，每日 1 次。

（2）流产。流产是由于胎儿或母体的生理过程发生紊乱，或它们之间的正常关系受到破坏，而使妊娠中断。

【临床病状】早期流产的一般没有什么明显的症状。在妊娠前期，部分或全部的死胎被吸收，有的能引起子宫内膜炎。中、后期流产的母貉，表现为食欲减退，阴道内流出红褐色污物或早产的胎儿，见图 7-14。

图 7-14 流产

【防治措施】对流产的母貉可肌内注射抗生素（如青链霉素等）和磺胺类药物。如果已引起子宫内膜炎，可用 0.02%~0.05%高锰酸钾液反复冲洗子宫，冲洗之后根据情况往子宫内注入抗菌防腐药液，或者直接放入抗生素制剂（如青霉素 20 万~

30 万单位）。

（3）难产。常因母貉的子宫收缩无力、产道狭窄和胎处异位、肥大等原因、引起产力性难产、产道性难产和胎儿性难产。

【临床症状】多数母貉超出预产期，并表现出烦躁不安，发出异常的叫声。在窝室和运动场之间来回奔走，有努责、排便等分娩动作，有的从阴道流出褐红色血污。患貉还有舔外阴部等表现。出现分娩后，貉开始拒食，后期衰竭、萎靡，子宫阵缩无力，母貉往往钻进窝室内蜷缩于垫草上不动，乃至昏迷、死亡。一般产程超过 6 小时，就视为难产。

【防治措施】首先应用催产素 5 万单位肌内注射，以加强子宫的收缩能力，促进胎儿的分娩。如果在 15 分钟后仍不见效果，要进行人工助产：先用消毒液洗外阴部，然后用甘油做阴道润滑剂，用手伸入产道，将胎儿拉出。在施行助产、催产无效的情况下，应进行剖宫产手术。

①术前准备。准备 1 个手术台（用桌子也可以）。手术器械和药品包括手术刀 1 把，手术剪 1 把，止血钳 4 把，镊子 2 把，以及纱布、药棉、缝合针、4 号缝合线、碘配棉球、酒精棉、来苏儿等。手术时将母貉保定在手术台（或办公桌）上。

②手术部位的确定与消毒。确定手术部位方法有两种：一种是在左（右）侧腰部，一般可在最后肋骨至腹股沟与腰椎至腹部中线之间做切口，另一种是在腹中线做切口。但后一种方法的切口在腹底部，受重力影响，有不易愈合和易感染的缺点，所以一般不采用。下面介绍前一种的具体方法：在貉腰部选好切口位置后，剪毛，用 2%～3% 来苏尔或肥皂水清洗后，擦干术部，再用 5% 碘酊消毒，用 75% 的酒精脱碘后，在术部盖上纱布。

③剖腹取胎。在术部做 8 厘米长的切口（尽量做到一次切开皮肤），然后用刀柄钝性剥离皮下组织，露出腹肌，用刀柄穿透腹肌，再以钝性撕开法扩创，露出腹膜，用剪子剪开腹膜后，

轻轻拉出有胎儿的子宫角，在创口缘与拉出的子宫周围充填纱布，避免污染腹腔，剪开子宫逐个取出胎儿，及时撕开胎衣，剪断脐带；如果有卡在产道里的胎儿，应从产道外口将胎儿送入子宫后，再取出。

④子宫的切除或还纳。一般认为，切除子宫后可减轻母貉的炎症过程，并发症少，有利于貉的痊愈。具体方法是：在子宫颈口处将子宫体及两侧子宫动脉双重结扎，在靠近输卵管处，分别将两子宫角尖端及子宫动脉一起双重结扎，并在离结扎线 1 厘米处剪断子宫体及两个子宫角。断端涂 4% 的碘酊，然后送回腹腔。还有一种方法是用 35~39℃ 的生理盐水冲洗子宫，排出洗液后，将子宫切口先全层连续缝合，然后做内翻缝合。清洗拉出的子宫体后，将其还纳腹腔。最后，连续缝合腹膜、肌肉，皮肤结节缝合。整理创缘，涂上碘酊消毒，还可涂上磺胺软膏。

⑤术后护理。术后将母貉放在温暖、清洁、安静的笼舍里，并喂给全价饲料。肌内注射青霉素 20 万~30 万单位，每天 1~2 次。对食欲不好的貉，可肌注维生素 B 0.5~1 毫升。对产后流血的，可肌注麦角，每次 0.2~0.3 毫升，每隔 4~6 小时注射一次，不仅可止住子宫出血，并能加速子宫恢复。伤口处应经常涂擦 4% 的碘酊，以防感染。

（4）尿湿症。过多的维生素 D 会使动物出现恶心、呕吐、腹泻、多尿；血清及尿中钙、磷浓度增高，钙沉积在肺肾等，最终导致肾功能减退而出现"尿湿症"。

【临床症状】为貉常见症状之一，病貉多表现营养不良，可视黏膜苍白，尿频，尿液淋漓，尿道口周围毛绒被尿液浸湿；病重者几乎全身浸湿，病程长者尿液浸坏皮肤，出现皮肤红肿、糜烂和溃疡，被毛脱落，皮肤坏死，即"尿湿症"。近年来，随着貉饲养量的迅速增长，貉"尿湿症"引起了广大养殖户的关注，也带来了不小的损失。

【防治措施】适当增加乳、蛋、酵母、鱼肝油的给量，减少日粮中脂肪含量，不喂含酸败脂肪的饲料，增加糖类饲料量，供给充足饮水。每日每只貉饲喂 5~10 毫升醋酸溶液或 1~3 毫升氯化铵制剂，连续 7~10 天。重者可投给乌洛托品解毒利尿，同时用青霉素 10 万单位、维生素 E 注射液 1 毫升和维生素 B_1 注射液 0.5 毫升，分别 1 次肌注，连用 2~3 天。

3. 呼吸系统疾病：

（1）感冒。感冒是貉常见多发病。

【临床症状】感冒在临床上的表现是上呼吸道发生感染。由于被侵害的部位不同，临床上可出现急性鼻炎、急性咽喉炎和急性气管炎。病貉精神沉郁，不愿活动，食欲减退或废绝体温升高，鼻镜干燥，结膜潮红，耳尖和四肢末梢发凉，有的从鼻孔中流出浆液性鼻汁，咳嗽、呼吸浅表加快，有的出现呕吐，病程长者卧于一角，蜷缩成团。

【防治措施】肌注安痛定或氨基比林 1~2 毫升，青霉素 20 万~30 万单位，每日 2 次。对有呕吐现象的病貉可同时肌内注射爱茂尔 1~2 毫升。

（2）肺炎。肺炎系肺实质器官的炎症，并伴有肺泡内炎性渗出物的渗出，从而引起呼吸机能障碍的一种疾病。

【临床症状】病貉精神萎靡不振，被毛蓬乱，不愿活动，体温升高 1~2℃，可视黏膜潮红或发绀，鼻镜干燥，有时鼻腔流出黏液性脓性鼻汁、结痂、龟裂，呼吸困难，呈腹式呼吸，食欲减退或废绝，并伴有阵发性轻咳。仔貉肺炎症状不明显，多呈急性经过，表现精神萎靡，触摸耳尖、鼻端、四肢末梢发凉，有尖叫声，呼吸困难，有时咳嗽，食欲下降，常卧于小室一角，蜷缩成团。病程可持续 3~10 天，病程长者逐渐消瘦，重者数日内死亡。

【防治措施】通常用青霉素（每千克体重 5 万~8 万单位）、

安痛定（2 毫升）或复方新诺明注射液（0.5 毫升）肌内注射，每日 2 次。

对轻病貉日服土霉素 1 片（含 25 万单位）加增效磺胺片 1 片，仔貉减半，连服 3~5 天，也可收到满意的效果。同时进行对症疗法：强心、补液，用 10%葡萄糖 20~40 毫升加维生素 C 2~5 毫升，皮下分点或腹腔内注射。

（3）急性鼻卡他。急性鼻卡他是鼻黏膜的急性表层炎症，可分为原发性和继发性两种。原发性急性鼻卡他是单纯的由于感冒所引起的疾病。多发生在秋末、冬季和春初，尤其幼貉易发。继发性鼻卡他则伴随其他疾病而发生，例如犬瘟热、鼻疽等。

【临床症状】发病初期，鼻黏膜充血、干燥。数天以后发生水肿，带有光泽，流出浆液性、黏液性或脓性鼻液。幼貉频发喷嚏，摆头，并以前肢摩擦鼻端。

【防治措施】通常采用局部吸入疗法，用水蒸气、1%~2%碳酸氢钠、1%克辽林溶液或 1%石炭酸溶液等，进行蒸汽吸入，或用收敛药溶液清洗鼻腔也有效。

（4）急性支气管炎。多限于支气管、气管和喉头黏膜发炎，实际上还属上呼吸道炎症。

【临床症状】急性支气管炎，发高热，病貉高度沉郁，脉搏频数，食欲减退，频频发咳。开始时干咳，后变为湿性咳嗽。当微细支气管发炎时，其咳嗽从开始就呈干性弱咳。鼻孔流出水样液体、黏液或脓性鼻液。

【防治措施】改善饲养管理，喂给新鲜易消化的全价饲料，注意通风，保持安静。

药物疗法：肌内注射青霉素，15 万~25 万单位。分泌物过多时，口服氯化铵 0.1~0.5 克。

（5）慢性支气管炎。通常多由急性支气管炎转化而成或由于心脏病和肺病而引起。

【临床症状】与急性支气管炎相似，其主要症状为咳嗽，咳嗽时流出多量的黏液。发生支气管扩张或肺气肿时，呈现呼吸困难。后期营养不良，多发生卡他性肺炎。

【防治措施】治疗该病需要较长时间，疗法同治疗急性一样。宜用兴奋性祛痰药，即使用松节油、松馏油、克辽林、氯化铵等药物也有效。

4. 消化系统疾病：

（1）胃肠炎。胃肠炎为胃黏膜的急性卡他炎症，以蠕动和分泌障碍为主要特征的常见多发病。

①卡他性肠炎。主要是饲养管理失调。一是喂了质量不好的饲料或饲料中脂肪含量过高，蔬菜的比例过大；二是卫生条件差，笼箱污秽，饮食具不洁；三是饲料突变或过量；四是因饲料中异物（沙子、泥土、玻璃碎片、铁片、胶皮）等被其误食所造成。

【临床症状】病貉精神沉郁，食欲减退或拒食，个别病貉出现呕吐，排不成形的液状便，含有未消化的饲料，呈里急后重现象，后期排出灰白色蛋清样便，有的排绿色、黄色、白色黏稠胶冻样便，肛门、尾根被稀便污染。病程长时，病貉不愿活动，喜饮水，弓腰蜷腹、被毛蓬乱、体躯消瘦，排出稀便有恶臭味。

【防治措施】以土霉素 0.1~0.25 克，维生素 B_1 5~10 毫克，胃蛋白酶 1~2 克混合调蜜灌服。当脱水和衰竭时，可皮下多点注射 10%葡萄糖 10~20 毫升、维生素 C 10 毫升，也可灌肠补液，每日 1~2 次。

②出血性肠炎。多继发于传染病或食物中毒，卡他性胃肠炎未能及时治疗也能发展为出血性胃肠炎。它是一种胃肠黏膜或肠道内伴发出血的胃肠黏膜炎症，常突然发病，治疗不及时常遭致大批死亡。其症状与卡他性胃肠炎不同之处是粪便内混有肠黏膜、黏液或血，常呈煤焦油样，急性多在 1~2 天内死亡。

【临床症状】病貉全身症状明显，精神萎靡不振，喜卧于小室内，不愿活动，步态不稳，体躯摇晃。初期体温升高，鼻镜干燥，口渴、拒食，排出黄绿色带有伪膜的血便，有时粪便呈煤焦油状后期体温下降、惊厥、痉挛死亡。

【防治措施】基本与卡他性胃肠炎相同。

庆大霉素 2 万~4 万单位肌内注射。病程稍长、长时间拒食、营养不良、脱水的可进行皮下多点补液。为防止感染可肌内注射青霉素 30 万~40 万单位。

③仔貉胃肠炎。

【临床症状】病貉常发出微弱的叫声，腹围稍膨胀、腹泻，排泄物呈灰色或灰白色，个别有呕吐现象，有时排出未消化的饲料。病程稍长的，发育缓慢、消瘦，呈贫血状态，被毛蓬松无光泽。

【防治措施】土霉素 0.05~0.1 克，维生素 B_1 0.2~0.5 毫克。混合 1 次内服。病程稍长的，可应用 10% 葡萄糖 20 毫升，维生素 C 5 毫升，分点皮下注射。

（2）仔貉消化不良。一般消化不良多发生于 1 周龄内的仔貉。

【临床症状】病貉被毛蓬乱无光泽，逐渐消瘦，发育停滞，呈贫血状态，粪便呈灰白色或灰黄色液状，含有气泡和未消化的乳块。尾部和肛门周围被粪便污染。

【防治措施】小儿消食片 1 片，维生素 B_1 5 毫克，含糖胃蛋白酶 1 克混合 1 次内服。食母生片、麦芽粉 0.5 克，混合 1 次内服。也可用土霉素半片，用蜜调制后内服。病程长、营养不良、脱水者可进行皮下点注射补液。

（3）仔貉营养不良。

【临床症状】病貉衰竭无力，不活泼，叫声微弱，可视黏膜苍白，皮肤弹力减弱，皮下脂肪少，皮肤出现皱褶。营养不良的仔貉多伴发维生素缺乏症，易由此继发消化道和呼吸道疾病，引起双重感染。

【防治措施】注意选种、选配，避免近亲繁殖。加强妊娠期饲养管理，给予全价易消化的饲料，特别是妊娠后期更为重要。发现营养不良的仔貉，应及时人工补喂牛奶、奶粉、多维糖粉或代养。

5. 神经系统疾病：

（1）仔貉脑室积水（脑水肿）。脑水肿又称大头病，是一种遗传病。

【临床症状】仔貉生后头大，后脑突出类似鹅卵，用手触摸时，感到十分柔软并有波动感。切开肿胀部位，流出大量液体，并形成空洞。仔貉精神沉郁，吸吮能力减弱，呈渐进性消瘦。

【防治措施】此病无治疗方法。在预防上应防止近亲繁殖，患病仔貉、同窝仔貉及其双亲应在年终一律淘汰取皮。

（2）中暑。中暑是神经系统疾病的一种。该病多发生在7~8月阳光长时间的剧烈暴晒，饲养在低矮或隔热不良的棚舍内。

【临床症状】该病能引起颅内血管扩张，脑与脑膜充血，脑水肿，甚至脑内溢水。有时因体温过高而引起高度神经麻痹，血液循环障碍，患貉出现体温升高，可黏膜呈树枝状充血，鼻镜干燥，有剧渴感。病初挺直卧于小室或运动场上，后躯麻痹，张口垂舌，剧喘，并发生刺耳的尖叫声。随之精神萎靡不振，头部震颤，体躯摇晃，有的口吐白沫、呕吐、前腹部返渐膨胀，最后昏迷不醒，全身痉挛死亡。往往有50%的病貉死于中暑后2~3天，也有的病貉死前食欲很好。

【防治措施】迅速把病貉移至阴凉和空气流通的场所，供给饮水。为使体温降低，可用冷水灌肠，也可把患病貉四肢先放到冷水中，然后逐渐地向全身各部浇冷水，效果较好。肌内注射强尔心或尼可刹米0.3~0.5毫升。皮下多点注射葡萄糖盐水20~

30毫升。可灌服藿香正气水，每次每只10毫升，仔貉减半。

（3）自咬症。该病没有明显的季节性，但成年兽在春季性兴奋期和产仔期发作，幼兽多在8~10月发作。

【临床症状】患病貉表现极度不安，狂躁、厌食，甚至拒食，应激性过高，口中发出嘶嘶声，反复发作，疯狂地啃咬自己的尾、爪及后躯各部。发作时常呈旋转式运动，并发出刺耳的尖叫声，多数咬断尾毛和后躯部被毛或咬伤尾、后肢内侧及腹部，更甚者咬断尾部，病貉多因并发败血症等疾病或衰竭死亡，少数即使未死体况也极差。该病多在幼貉及青年貉中发生，所以病貉不仅极度消瘦而且因为骨骼发育不良，体型较小。病貉多在冬季来临前死亡，其毛皮尚未成熟，质量低劣。只有少数能活到冬毛生长期，却因皮毛伤处多，毛皮质量太差影响等级，根本卖不上价。

【防治措施】目前尚无特异性疗法，常采用对症疗法，虽效果不尽理想，但还是起到了控制和避免反复发作的作用，可使患貉生命维持到取皮期，可获得一张完好的季节皮。

①盐酸氯丙嗪或安定0.25克、乳酸钙0.5克、复合维生素B 0.1克，研末混匀，分两份拌饲料中喂给，每日2次，每次1份；

②盐酸氯丙嗪2毫升肌内注射，每天1次；

③创面局部用双氧水冲洗或用酒精棉球擦洗，去掉污物并消毒。而后涂碘酊或撒消炎粉或撒少许高锰酸钾，以防创面感染。也可涂2%敌百虫凡士林软膏，可防止创面生蛆；

④肌内注射青霉素40万~80万国际单位、安痛定2~4毫升，每日2次，进行消炎。

加强饲养管理，保证饲料质量及各种营养物质的适宜搭配，防止饲料中维生素和无机盐的供给不足，保持饲料的新鲜、稳定。

附　录

附录A　貂高效养殖基础资料表

表A-1　成貂的日粮标准

时期		配种期		妊娠期			产仔泌乳期	恢复期	准备配种期	
		公	母	前	中	后			前	后
日粮量（克）		500~550	450~600	500~550	550~600	600~700	800~1 000	500~1 000	500~550	300~350
混合饲料质量比(%)	鱼肉类	20	20	25	25	30	30	10	17	22
	鱼肉副产品类	15	15	10	10	5	5	5	8	3
	谷物类	60	60	55	55	55	55	70	70	65
	蔬菜类	5	5	10	10	10	10	15	5	10
其他补充饲料（克/(日·只))	食盐	2.5	2.5	3	3	3	3	2.5	2.5	2.5
	酵母	15	10	15	15	15	15	—	—	8
	麦芽	15	15	15	15	15	15	5	—	10
	骨粉	8	10	15	15	15	20	5	5~10	5~10
	乳类	50	—	—	—	50	200	—	—	—
	蛋类	50	—	—	—	—	—	—	—	—
	维生素A（国际单位）	1 000	1 000	1 000	1 000	1 000	1 000	—	—	500
	维生素B（毫克/(日·只))	5	5	5	5	5	—	—	—	2~3
	维生素C（毫克/(日·只))	—	—	—	—	5	5	—	—	—
	维生素E（毫克/(日·只))	5	5	5	5	5	—	—	—	—

表 A-2　幼貉的日粮标准

月份	热量（兆焦）	日粮量（克）	混合饲料比例（%）				其他补充饲料（克／（日·只））				
			鱼肉类	鱼肉副产品类	谷物类	蔬菜瓜果类	酵母	乳类	麦芽	骨粉	食盐
3	1.88	260	40	40	10	10	5	50	15	8	1.5
4	2.51	370	40	40	10	10	6	50	15	10	1.5
5	2.72	480	35	40	10	15	7	50	15	10	2.0
6	2.84	520	35	40	10	15	8	60	20	15	2.0

表 A-3　皮貉的日粮标准

时期	热量（兆焦）	日粮量（克）	混合饲料比例（%）				其他补充饲料（克／（日·只））	
			鱼肉类	鱼肉副产品类	谷物类	蔬菜瓜果类	酵母	食盐
10～11月	2.09～2.51	450～560	5～10	10～15	60～70	15	5	2.5

附录 B　貉饲养管理日常用表

表 B-1　种公貉登记卡

貉号	等级	入场时间	来源

出生日期	父本	祖父	
		祖母	
	母本	外祖父	
		外祖母	

年度	受配母貉	配种日期	产仔数量

表 B-2　种母貂登记卡

貂号	等级	入场时间	来源
出生日期	父本	祖父	
		祖母	
	母本	外祖父	
		外祖母	

年度	配种日期	产仔日期	产仔数量	成活数量	哺乳日期

表 B-3　种公、母貂发情记录表

貂号	2 月				3 月				4 月				备注
	1	2	3	…	1	2	3	…	1	2	3	…	

注：+动情；++发情前期；+++发情期；＊交配成功；—未发情或萎缩

附　　录

表 B-4　配种记录

母貉号	第一次	第二次	第三次
	公号	公号	公号
	时间	时间	时间
	公号	公号	公号
	时间	时间	时间

表 B-5　产仔记录表

次序	月	日	母貉号	产仔数				备注
				合计	公	母	死胎	

表 B-6　貉饲料单

饲料名称	每日每只给量			全群每顿给量			备注
	能量（重量）比例（%）	重量（克）	粗蛋白质（克）	早	午	晚	

附录 C　貉常用饲料成分和营养价值表

饲料名称	干物质(%)	蛋白质(%)	脂肪(%)	纤维(%)	碳水化合物(%)	灰分(%)	钙(%)	磷(%)	代谢能(千焦/千克)
海杂鱼	15.2	12.4	2.0			0.9	0.019	0.075	314
黄花鱼	19.1	17.2	0.7		0.3	0.9	0.017	0.12	317
带鱼	22.4	15.9	3.4		2.0	1.1		0.171	418
青鱼	18.7	16.4	1.1			1.2	0.028		322
鳕鱼	20.3	16.5	1.0			2.8			355
海鲶鱼	23.1	13.9	4.7		3.1	1.4	0.06	0.018	460
剥皮鱼	21.4	19.2	0.5			1.7	0.018	0.093	330
鲤鱼	21.0	16.7	1.5		0.7	1.1	0.04	0.103	324
鲫鱼	15.0	13.0	1.1			0.8	0.03	0.10	250
草鱼	23.0	11.3	2.7		0.2			0.10	376
白鲢	24.0	11.2	3.0					0.174	339
明太鱼	21.0	18.0	1.6		1.4	1.2			364
黄鳝	20.0	21.4	7.4			1.7			276
泥鳅	16.5	22.6	2.9			2.2			489
马口鱼	19.4	15.0	3.2		0.2	1.0			439
瘦猪肉	27.8	20.1	6.6			1.1	0.011	0.177	602
瘦牛肉	23.8	20.6	2.0			1.2			451
瘦马肉	25.8	21.7	2.6		0.5	1.0			481
瘦羊肉	27.9	19.9	5.4		0.4	1.2	0.015	0.168	598

（续表）

饲料名称	干物质（%）	蛋白质（%）	脂肪（%）	纤维（%）	碳水化合物（%）	灰分（%）	钙（%）	磷（%）	代谢能（千焦/千克）
瘦驴肉	22.6	18.6	0.7		2.2	1.1	0.01	0.144	339
瘦鸡肉	26.0	23.3	1.1			1.1			439
兔肉	27.5	21.7	3.3			1.2	0.015	0.175	535
鸭肉	25.4	16.5	7.5		0.5	0.9			668
鹅肉	22.9	10.8	11.2			5.0	0.013	0.037	632
水貂肉	31.3	16.1	9.5		0.7	5.0			681
狐狸肉	49.3	12.5	31.9		0.7	4.2			1484
家畜胃脏	16.1	14.0	1.3			1.0			418
禽畜肉脏	12.9	8.7	3.6			0.6			305
鸡蛋	21.4	10.8	9.2		0.4	1.0			568
奶粉	95.0	25.6	26.7		37.0	6.0			2052
玉米面	86.6	9.0	4.3	3.4	72.0	1.3			1517
玉米蛋白粉	90.0	39.7			27.6	2.4	0.23	0.39	2157
麦麸	89.5	15.6	3.8	9.2	56.1	4.8	0.14	0.96	1693
米糠	88.3	11.5	16.1	8.1	43.5	9.1	0.07	1.52	1814
豆饼	88.2	41.6	1.1		39.4	6.1			1187
豆粕	88.5	42.5	2.1	7.6	37.9	6.0	0.154	0.028	1297
鱼粉	92.0	65.8		0.8	1.6		3.7	2.6	
肉骨粉	90.0	51.6	8.1		8.8	21.0	5.54	3.01	1760
酵母粉	91.7	52.4	0.4		34.2	4.7			1264
羽毛粉	89.9	81.42	1.03			7.39			

附录 D　貉场常用统计方法

1. 受配率（%）= $\dfrac{受孕母貉数}{参加配种母貉数} \times 100$

2. 产仔率（%）= $\dfrac{产仔母貉数}{受孕母貉数} \times 100$

3. 胎平均产仔数 = $\dfrac{仔貉数(包括死胎和死仔貉)}{产仔母貉数} \times 100$

4. 群平均育成数 = $\dfrac{群成活仔貉数}{群参加配种母貉数} \times 100$

5. 成活率（%）= $\dfrac{成活仔貉数}{所产仔貉数} \times 100$

6. 年增值率（%）= $\dfrac{年末貉数 - 年初貉数}{年初貉数} \times 100$

7. 死亡率（%）= $\dfrac{死亡貉数}{全群貉数} \times 100$

附录 E　貉场常用药物

药物种类		单位	用法	剂量		作用及用途
防疫消毒药物	酒精		外擦	70%~75%		外用消毒防感染
	紫药水		外擦	0.5%~1%	用于皮肤及饲养场所	外用消毒
	漂白粉		外用	0.03%~10%		0.05%~0.2%用于饮水消毒；0.5%用于食具消毒；10%用于地面消毒
	碘酊		外擦	2%~5%		用于皮肤消毒化脓肿
	福尔马林		外洒	1%~2%		室内消毒及器械消毒
	新洁尔灭		外用	0.05%~2%	器械及饲养用具消毒、杀菌	0.05%用于感染伤口冲洗；0.1%消毒手及器械；0.15%~2%栏舍喷雾消毒
	来苏儿		外用	2%~5%		5%用于器械；2%用于皮肤消毒
	石炭酸		外用	5%		器具消毒
	双氧水		外擦	3%		化脓创口涂擦
	高锰酸钾		外擦	0.1%~1%		0.1%用于皮肤冲洗消毒，0.5%~1%用于用具浸泡消毒
	生石灰		外洒	10%~20%		场地消毒

（续表）

药物种类		单位	用法	剂量		作用及用途
	青霉素	国际单位	肌内注射	20万~40万		抑制革兰氏阳性细菌感染，适用于感冒、肺炎、脑膜炎、外伤、尿路感染等常规细菌病
	链霉素	国际单位	肌内注射	20万~40万		抑制革兰氏阴性细菌，与青霉素互补，是治疗结核病的必用药
	庆大霉素	国际单位	肌内注射	10万~15万		广谱抗菌药，但主要用于化脓性感染及消化、呼吸道感染
	新霉素	国际单位	拌料内服	10万~20万		作用与用途基本与庆大霉素一致
抗菌类药物	氯霉素	克	拌料口服	0.4~0.8	用于抗菌、消炎	对革兰氏阳性、阴性细菌均有抑制、杀灭作用，但主要用于副肠道感染细菌的治疗
	土霉素、四环素	克	拌料口服	0.25~0.5		广谱抗菌素，抑制革兰氏阴性菌和阳性菌，肠道感染、支原体性肺炎
	氯霉素注射液	毫升	肌内注射	0.3~0.5		用于消化道疾病及多发性脓肿
	卡那霉素注射液	毫升	肌内注射	0.5~1.0		广谱抗菌素，适用于腹泻、子宫内膜炎，外伤感染，支原体感染
	复方新诺明	克	拌料口服	0.5~0.7		对许多链球菌、球菌有较强的杀灭能力，用于呼吸道、泌尿系统感染
	磺胺嘧啶	克	拌料口服	0.5~1.0		用于呼吸、泌尿道路感染，作用与复方新诺明相似
	阿莫西林（阿莫仙）	片	拌料口服	1~2		适用于呼吸道和尿路感染，钩端螺旋体感染
	利巴韦林（病毒唑）	毫克	肌注、静注或口服	100~200		广泛应用于病毒性疾病的防治

（续表）

	药物种类	单位	用法	剂量		作用及用途
解毒利尿药物	氯磷定	毫升	皮下注射	0.3~0.4		缓解有机磷中毒
	亚甲蓝	毫升	20%的溶液进行静脉注射	0.5	用于中毒症的治疗	缓解亚硝酸盐中毒
	硫酸阿托品	毫升	皮下注射	0.3		解痉、解毒。适用于胃肠绞痛、有机磷中毒及早期感染性休克
	双氢克尿塞	毫克	内服	5~10		用于各种类型水肿、利尿
	乌洛托品	克	内服	0.3~0.5		用于尿道感染、尿路消毒
	葡萄糖注射液	毫升	10%皮下注射	30~40		强心、解毒、利尿、补液及滋补
解热镇痛药物	阿斯匹林	克	拌料及化水口服	0.2	用于解热镇痛	解热镇痛
	安乃近注射液	毫升	肌内注射	0.5		解热镇痛，还可抗风湿
	安痛定注射液	毫升	肌内注射	1.0~2.0		解热、镇痛
	扑热息痛	克	拌料及化水口服	0.2~0.4		解热、镇痛
麻醉镇静药物	乙醚	毫升	吸入蒸汽	10~20	用于生产过程中的麻醉镇静	麻醉剂，属全身麻醉药物
	普鲁卡因	毫升	0.25%溶液皮下注射	10~20		局部麻醉，用于难产手术等的局部麻醉
	安定片	片	口服	2~4		镇静
	氯胺酮	毫克	肌内注射	65~90		全身麻醉
	水合氯醛	克	10%溶液灌肠	3~5		全身麻醉
	安定注射液	毫升	肌内注射	1.0~1.5		镇静、催眠，常用于拒配母兽
	氯丙嗪（冬眠灵）	毫克	口服或肌注	10~50		镇静、止吐、抗惊厥。用于精神异常

（续表）

药物种类		单位	用法	剂量		作用及用途
神经兴奋剂	强尔心	毫升	肌内注射	0.5		增强心脏机能，兴备呼吸中枢
	盐酸肾上腺素	毫升	肌内及皮下注射	0.3~0.5	增强中枢神经系统的兴备	用于过敏反应，克服过敏性休克
	樟脑磺酸钠	毫升	肌内注射	0.5~1.0		增强心肌机能
	尼可刹米	毫升	肌内注射	0.5~1.0		增强心肌机能，用于心力衰竭
激素类制剂药物	垂体后叶素（催产素）	毫升	肌内注射	1.0~2.0		用于母猪分娩无力，进行助产
	黄体酮	毫升	肌内注射	1.0~2.0	主要用于生产及配种	保胎药物，用于习惯性流产、子宫功能性出血
	丙酸睾丸酮	毫升	肌内注射	0.3~0.5		用于促进公貉性欲
	绒毛膜促性腺激素（HCG）	国际单位	皮下或肌内注射	200~500		促进母貉发情
健胃药物	乳酶生	克	口服	1.5~2.0		用于食欲不振，消化不良，整肠健胃
	干酵母片	克	口服	1.5~2.0	用于帮助消化、提高食欲	健胃药物，帮助消化
	胃蛋白酶	克	口服	0.5~1.0		适用于消化不良，食欲减退
	胃舒平	克	口服	0.5~1.0		用于消化不良，胃炎

（续表）

药物种类		单位	用法	剂量	作用及用途
消炎、消化药物	呋喃唑酮（痢特灵）	片	口服	0.5~1	用于肠道感染、腹泻等
	诺氟沙星（氟哌酸）	毫克	口服或静注	100	用于肠炎、尿路感染、呼吸道及尿路感染
	环丙沙星	毫克	口服或静注	100	用于消化道、结膜炎
	地塞米松	毫克	肌注或静注	1.0~2.0	用于各种炎症、过敏、高热、结膜炎
	穿心莲	克	口服、肌注或静注	1.0~1.5	用于肠炎、菌痢
	柴胡	克	口服、肌注或静注	1.0~1.5	用于肠炎、菌痢
	左旋咪唑	毫克	口服	25~50	用于驱肠道线虫
	驱蛔灵	克	口服	1	用于驱肠道线虫
维生素类及其他滋补药物	维生素B₁	毫克	口服或肌注	10~15	维持神经系统正常功能、缺乏维生素B₁症
	维生素B₂	毫克	口服或肌注	5~10	用于促进生长，多发性神经炎等维生素B₂缺乏症
	维生素B₆	毫克	口服或肌注	10~15	促进生长、增强皮毛色素对葡萄球菌、链球菌的抵抗力
	维生素C	毫克	口服或肌注	50~100	促进生长、保护皮肤，用于止血
	维生素E	毫克	口服或肌注	5~10	增强机体抵抗力、抗坏血、增强机体抵抗力、维生素E缺乏症、治疗红爪病
	鱼肝油	国际单位	口服	1 000~2 000	用于黄脂防病、习惯性流产、皮肤角化、繁殖期营养剂，含维生素D。繁殖期营养剂功能
	叶酸	毫克	口服	3~5	用于维持上皮细胞正常、用于贫血及肝脏疾病

附录 F 貉常用免疫制品制剂

名称	使用方法	剂量	用途	备注
犬瘟热弱毒疫苗	皮下注射，每年免疫 2 次，间隔半年，仔貉断乳后 2~3 周接种	3 毫升	预防犬瘟热，可用于紧急接种	冰冻运输，-15℃以下保存，每瓶融化后一次性用完
病毒性肠炎灭活疫苗	皮下注射，每年免疫 2 次，间隔半年，仔貉断乳后 2~3 周接种	3 毫升	预防细小病毒引起的腹泻	防止冻结
貉阴道加德纳氏菌灭活疫苗	肌内注射，每年免疫 2 次，间隔半年	1 毫升	预防流产、空怀	防止冻结
貉绿脓杆菌多价灭活疫苗	肌内注射，每年免疫 1 次；仅供配种前 15~20 天母貉使用	2 毫升	预防貉化脓性子宫肉膜炎	防止冻结
貉巴氏杆菌多价灭活疫苗	肌内注射，每年免疫 2 次，仔貉断乳后 2~3 周接种	2 毫升	预防巴氏杆菌感染引起的败血病	防止冻结
TM 制剂	均匀混于饲料中，每天 1 次	2 毫升	防治细菌性腹泻	活菌制剂，液体型，避免与抗生素合用
速效催乳剂	肌内注射，一般注射 1 次，效果不显著时第 2 天再注射 1 次	100 毫克	产后母貉缺乳	对乳腺炎病貉无效
消胀灵	胃内注射	20 毫升	急性胃扩张	由肠扭转、肠套叠引起的胃扩张无效
抗真菌 I 号	外create用涂擦，同隔 3 天 1 次		皮肤真菌感染	对皮肤疥螨无效
褪黑素埋植剂	颈部皮下注射	2 粒	促进毛皮提前成熟	防止误埋于肌肉中

参考文献

白秀娟.2007.养貉手册［M］.北京：中国农业大学出版社.

常英桔.2006.乌苏里貉引种注意啥［J］.农村养殖技术，
（16）：34.

丁吉章，吴大吉.2009.貉子的四季管理要点［J］.吉林畜牧兽
医，2（30）：15-16.

盖广辉.2010.貉养殖及产品初加工标准的研究与制定［D］.
哈尔滨：东北林业大学.

高宝成.2006.鱼及畜禽副产品在貉饲料中的利用［J］.农业知
识（4）：45.

韩继福，马振凯.1990.育成期雄性幼貉日粮适宜蛋白质和能
量水平的研究［J］.兽医大学学报，10（3）：289-293.

韩继福，颜立成，刘明宝.1991.不同能量水平对幼貉生长发育
和营养物质利用的影响［J］.毛皮动物饲养（2）：15-17.

华盛，林喜波.2008.怎样提高养貉效益［M］.北京：金盾出
版社.

华树芳，林喜波，华盛.2008.貉高效养殖技术一本通［M］.
北京：化学工业出版社.

华树芳，于录，孙家宇.2000.貉日粮的制定及饲料种类［J］.
特种经济动植物（2）：3.

华树芳.2001.貉场的卫生防疫［J］.特种经济动植物（1）：

5-6.

华树芳.2001.貉的选配及繁殖特点 [J].特种经济动物（3）：5.

华树芳.2001.貉各生物学时期的饲料配方 [J].特种经济动物
（10）：2.

华树芳.2002.貉饲养管理的基本要求 [J].农村养殖技术
（12）：19.

华树芳.2003.貉的建场及引种问答 [J].特种养殖（15）：20.

华树芳.2003.貉动物性饲料的种类及应用 [J].农村养殖技术
（7）：29.

华树芳.2003.貉饲料的加工和调制 [J].饲养技术（5）：29.

华树芳.2003.貉植物性及添加饲料的种类和利用 [J].农村养
殖技术（8）：26.

华树芳.2005.实用养貉技术 [M].修订版.北京：金盾出版社.

华树芳.2007.貉标准化生产技术 [M].北京：金盾出版社.

金江.1995.貉不同时期的饲养管理技术 [J].农业科技通讯
（10）：25-26.

李光玉，杨福合.2008.怎样办好家庭养貉场 [M].北京：科
学技术文献出版社.

李军.2001.貂狐貉预产期的计算方法 [J].特种经济动物（2）：4.

李沐森，华树芳.2004.貉品种简介及选种标准 [J].特种经济
动植物（12）：3.

刘平.2010.外源激素诱导休情期母貉发情效果的研究 [D].
哈尔滨：东北林业大学.

刘晓颖，陈立志.2010.貉的饲养与疾病防治 [M].北京：中
国农业出版社.

刘晓颖，李光玉.2011.貉高效养殖新技术［M］.北京：中国农业出版社.

罗国良，闫喜军，钟伟.2008.狐狸传染性脑炎病原学研究进展［J］.动物医学进展（08）：63-66.

牛艳华，杨立群.2006.乌苏里貉种貉的选择［J］.科学种养（4）：39.

曲学忠，牟旭升，李玲玲，等.2016.狐阴道加德纳氏菌病的防治［J］.特种经济动植物（02）：8-9.

石贵铎.2004.种公貉的正确选择和利用［J］.特种经济动植物（8）：2.

石贵铎.2006.种母貉的发情鉴定和配种［J］.特种经济动物（1）：2.

宋世永.1985.怎样选择和配合貉的饲料［J］.新农业（12）：27.

孙伟丽，李志鹏.2008.我国毛皮动物福利的现状［J］.特种经济动物（10）：4-5.

佟煜人，钱国成.1994.中国毛皮兽饲养技术大全［M］.北京：中国农业科技出版社.

肖永君.2003.貉的交配行为及发情鉴定［J］.特种经济动物（1）：4-5.

肖勇君，李万庆.2002.貉的生物学特性［J］.特种经济动植物（11）：4-5.

杨嘉实.1999.特产经济动物饲料配方［M］.北京：中国农业出版社.

杨军.2009.貉的选种选育方法［J］.农村实用技术（3）：72.

俞志成.2007.经产种貉的选留选配方法［J］.农村养殖技术

（21）：12.

俞志成.2008.育成貉的选种选育方法［J］.农村养殖技术
（1）：19.

曾绍文，田友宝，王宏韬.1992.貉对蛋白质需要的初步研究
［J］.国土与自然资源（3）：67-73.

郑文达.2009.貉的选种标准［J］.养殖技术顾问（1）：117.